これでわかる理科 小学3年

文英堂編集部　編

文英堂

1 春の花だんにさく花① (p.5)

［　　　］の花　［　　　］の花

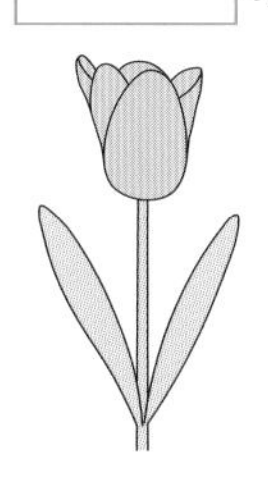

2 春の花だんにさく花② (p.5)

［　　　］の花　［　　　］の花

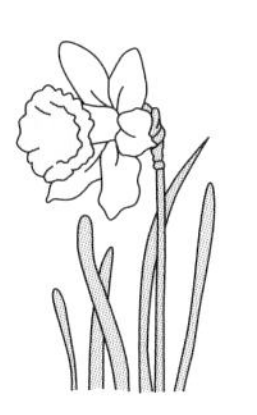

3 春の野原にさく花① (p.5)

［　　　］の花　［　　　］の花

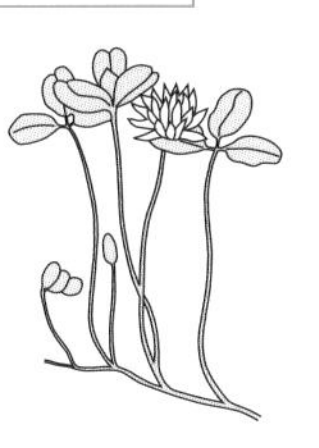

4 春の野原にさく花② (p.5)

［　　　］の花　［　　　］の花

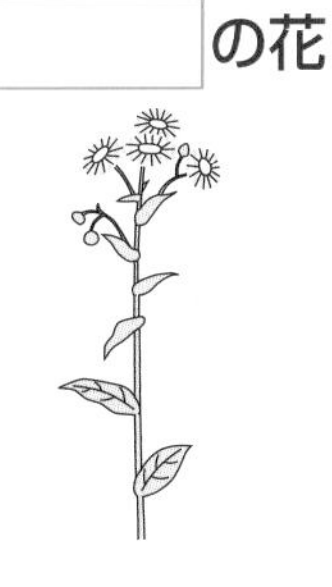

5 花のみつをすう虫① (p.5)

左のチョウは［　　　］，右のチョウは［　　　］。

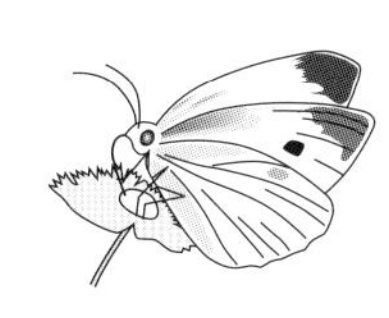

6 花のみつをすう虫② (p.5)

左の虫は［　　　］，　右の虫は［　　　］。

7 植物(しょくぶつ)のしゅるいとたね① (p.15)

［　　　］のたね　［　　　］のたね

黒くて小さい。丸(まる)い。

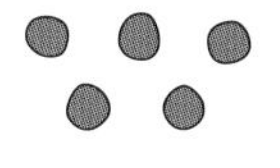
黒くて丸い。

8 植物(しょくぶつ)のしゅるいとたね② (p.15)

［　　　］のたね　［　　　］のたね

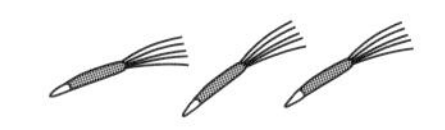
黒くて細長い。はねのようなものがある。

白と黒のしまもようがある。

9 ホウセンカのめばえ (p.15)

［　　　］が出る。

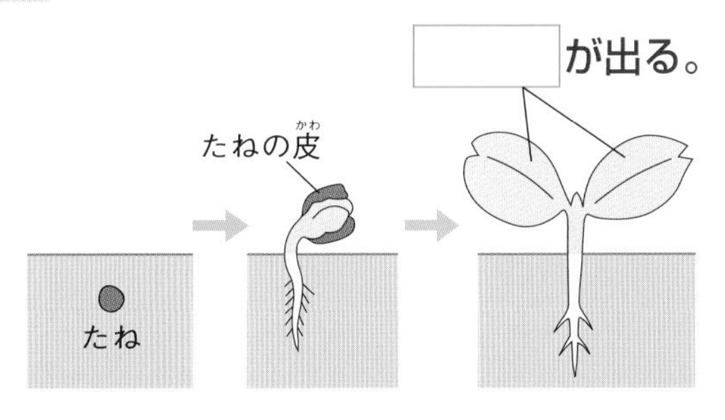

カードの使い方としくみ

- カードの表にはよう点チェックの問題が，カードのうらにはチェック問題の答えとせつ明がのっています。
- わからなかったり，まちがえたりしたところは，本さつを読み直しましょう。

1 春の花だんにさく花①

チューリップ の花　　パンジー の花

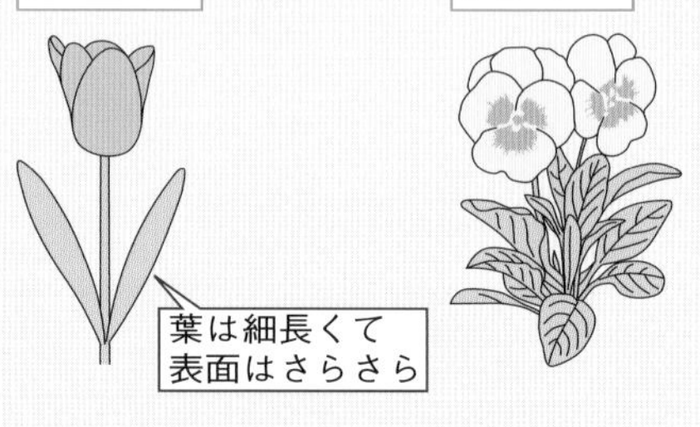

2 春の花だんにさく花②

ヒヤシンス の花　　スイセン の花

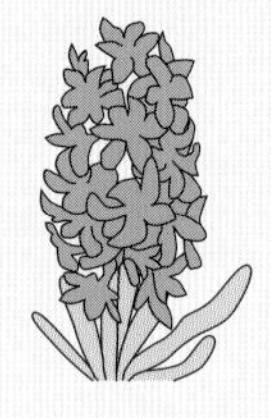

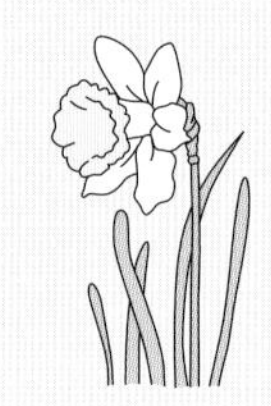

3 春の野原にさく花①

タンポポ の花　　シロツメクサ の花

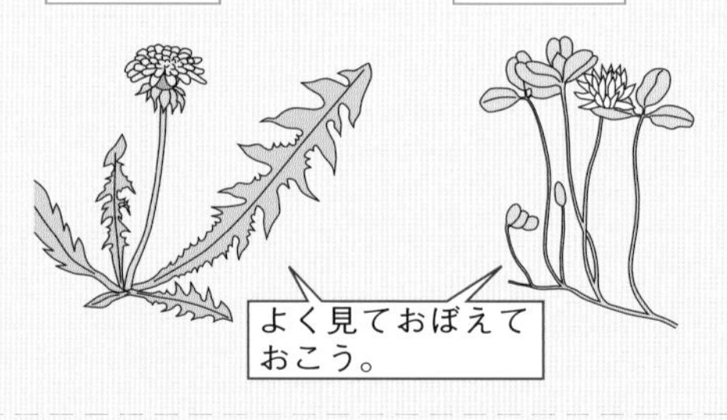

4 春の野原にさく花②

オオイヌノフグリ の花　　ハルジオン の花

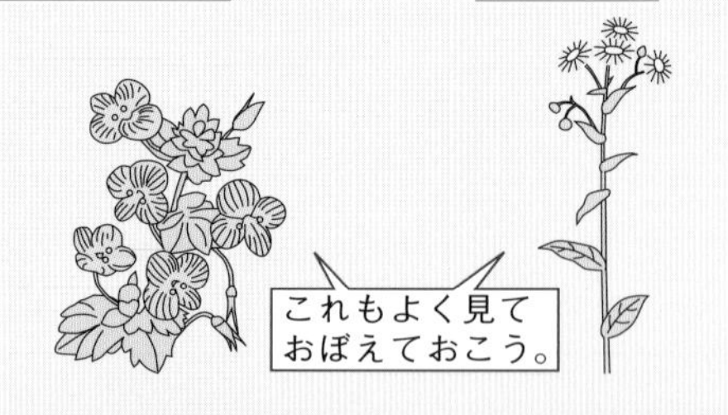

5 花のみつをすう虫①

左のチョウは モンシロチョウ，右のチョウは アゲハ 。

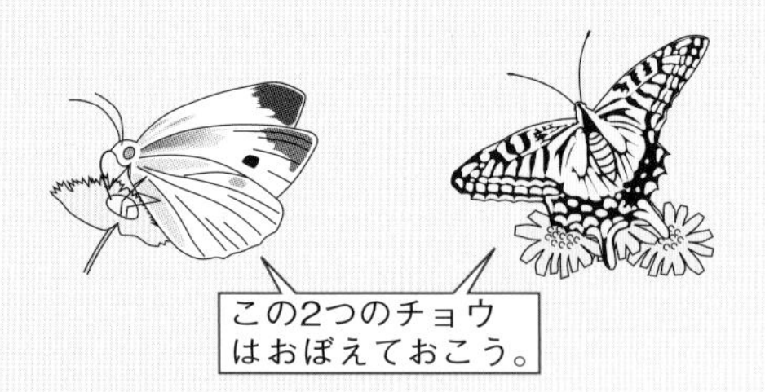

6 花のみつをすう虫②

左の虫は ミツバチ ，右の虫は ハナアブ 。

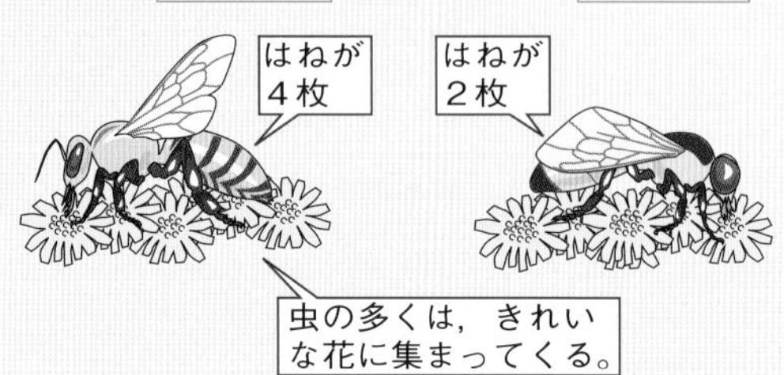

7 植物のしゅるいとたね①

ホウセンカ のたね　　オクラ のたね

黒くて小さい。丸い。　　黒くて丸い。

8 植物のしゅるいとたね②

マリーゴールド のたね　　ヒマワリ のたね

黒くて細長い。はねのようなものがある。　　白と黒のしまもようがある。

9 ホウセンカのめばえ

子葉 が出る。

子葉にはあつみがあり，葉の先も丸い。

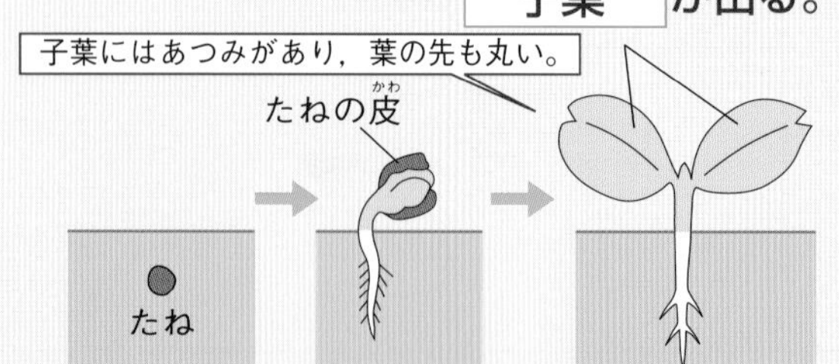

10 モンシロチョウのたまご (p.21)

□の葉にうみつけられる。

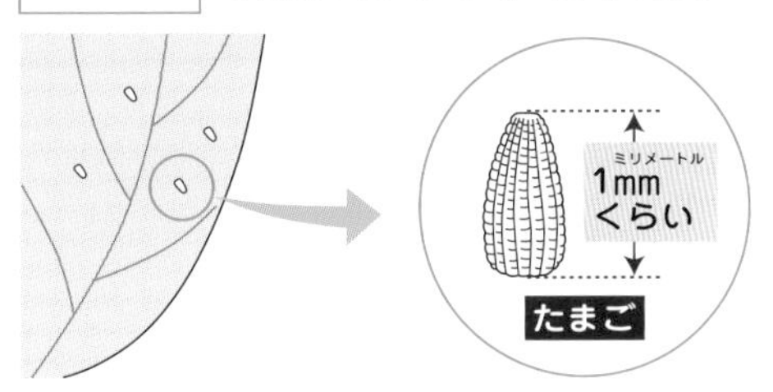

11 モンシロチョウの育ち方 (p.21)

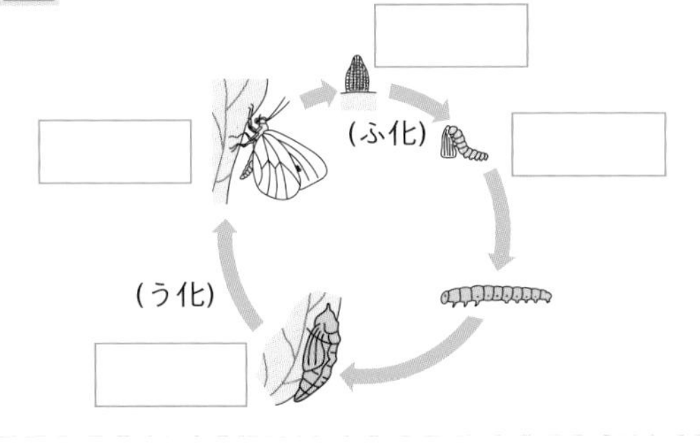

12 モンシロチョウのからだ (p.21)

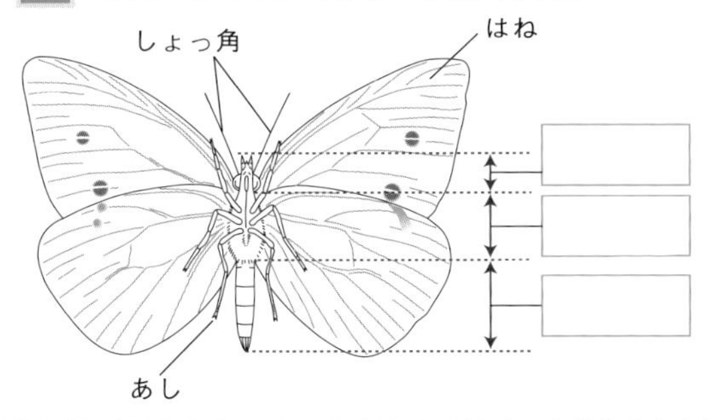

13 なえの植え方 (p.37)

□をつけたまま植えかえる。

花だん

14 なえの育ち方 (p.37)

□がふえる。

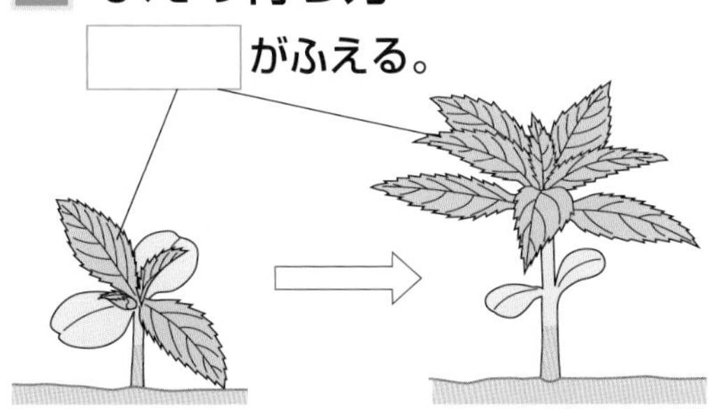

15 植物（ホウセンカ）のからだ (p.37)

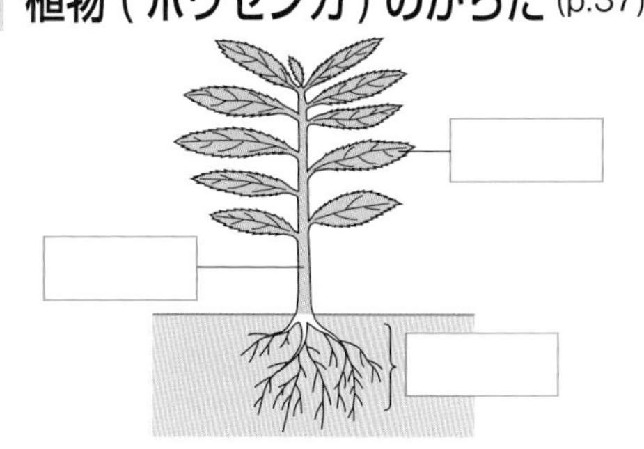

16 こん虫のからだ (p.45)

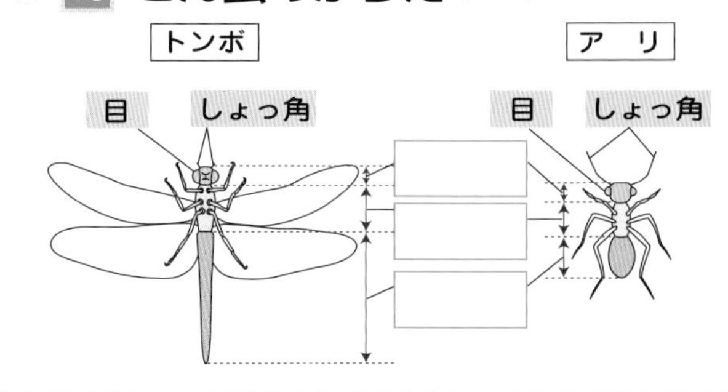

17 トンボの育ち方 (p.45)

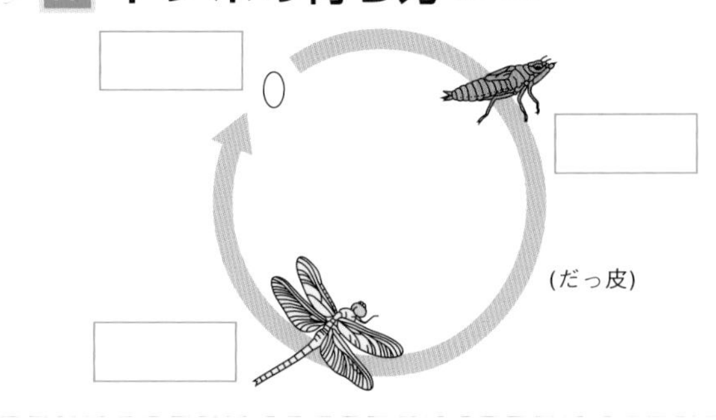

18 チョウの育ち方 (p.45)

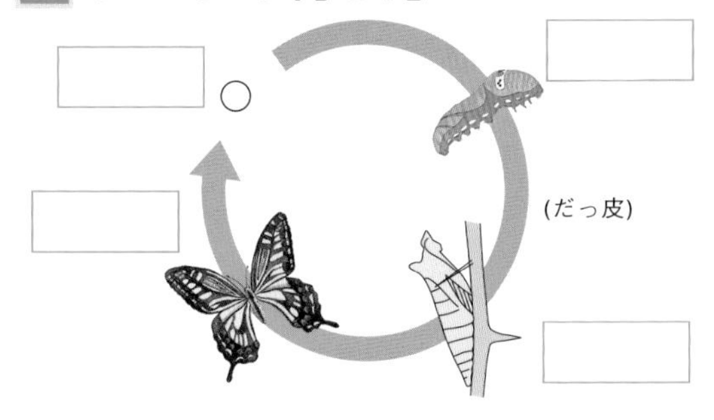

19 ホウセンカの育ち方 (p.59)

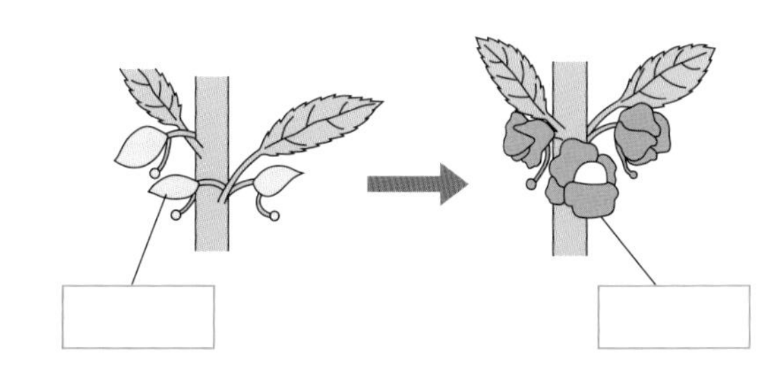

15 植物(ホウセンカ)のからだ

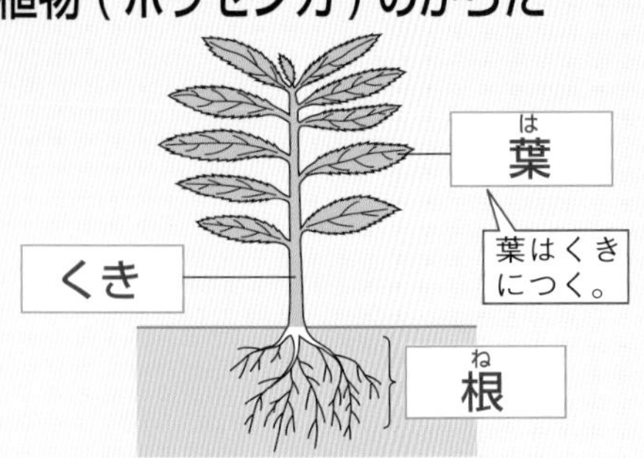

16 こん虫のからだ

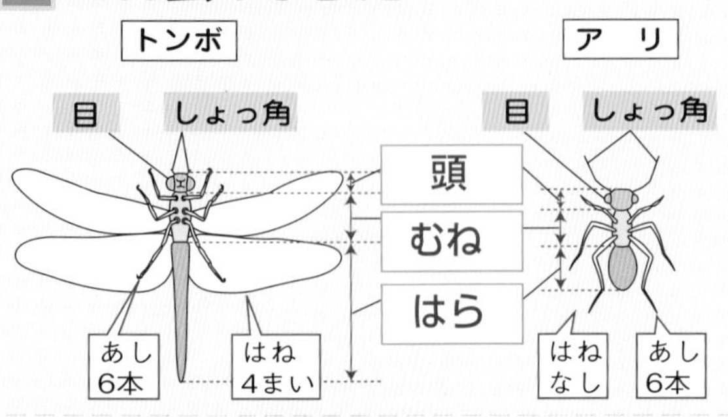

17 トンボの育ち方

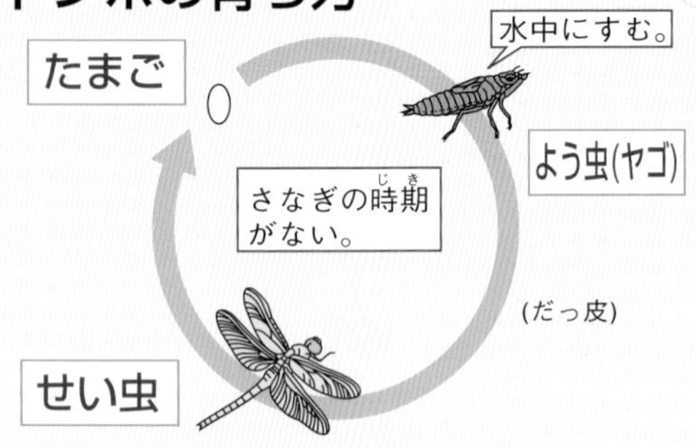

18 チョウの育ち方

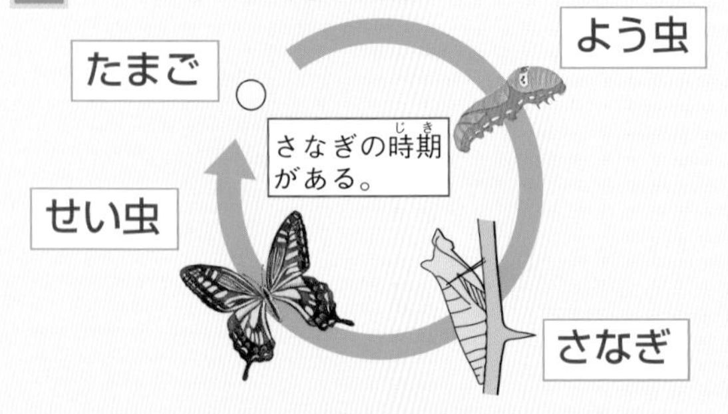

19 ホウセンカの育ち方

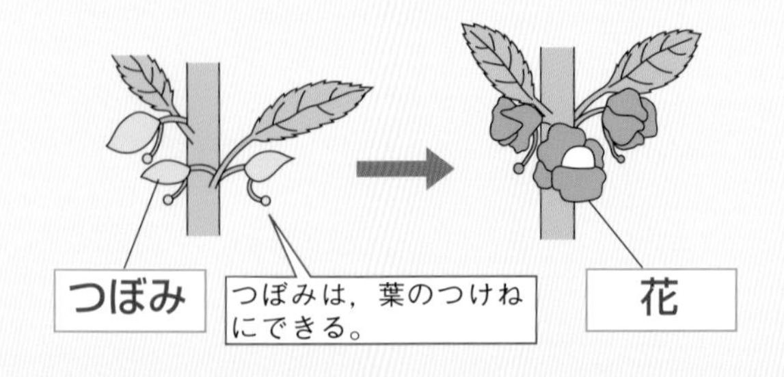

10 モンシロチョウのたまご

キャベツ の葉にうみつけられる。

ミリメートル
1mm
くらい

うすい黄色をしている。

たまご

11 モンシロチョウの育ち方

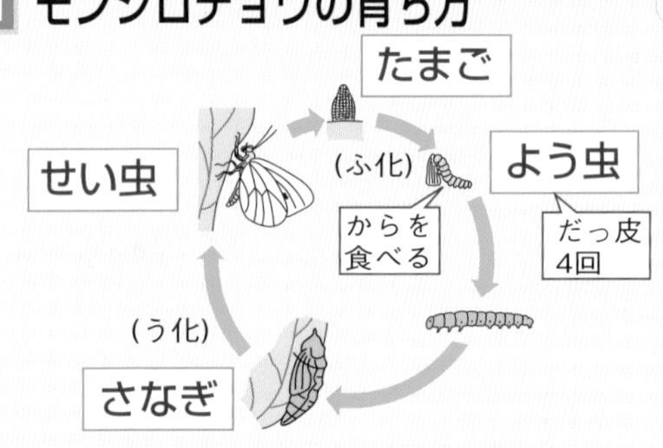

12 モンシロチョウのからだ

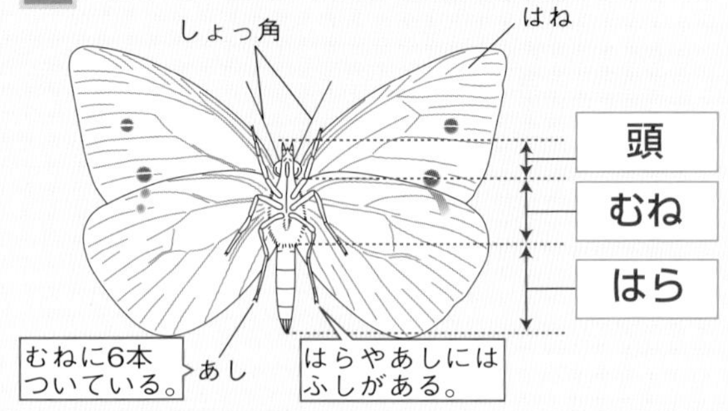

13 なえの植え方

土 をつけたまま植えかえる。

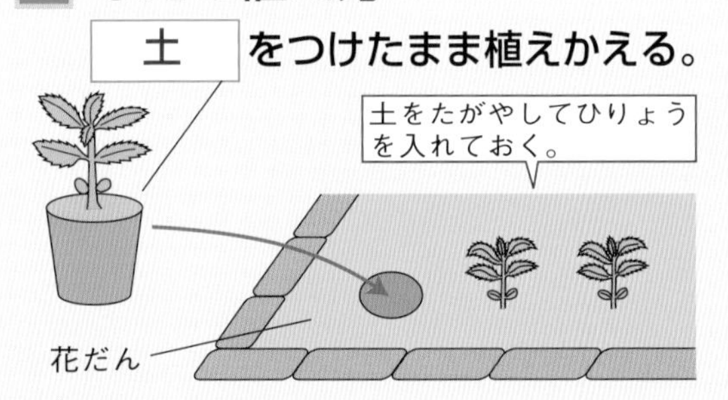

14 なえの育ち方

葉 がふえる。

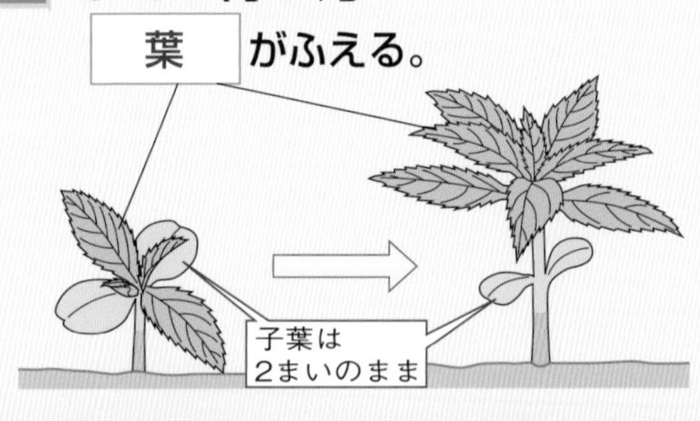

20 ホウセンカがさいたあと (p.59)

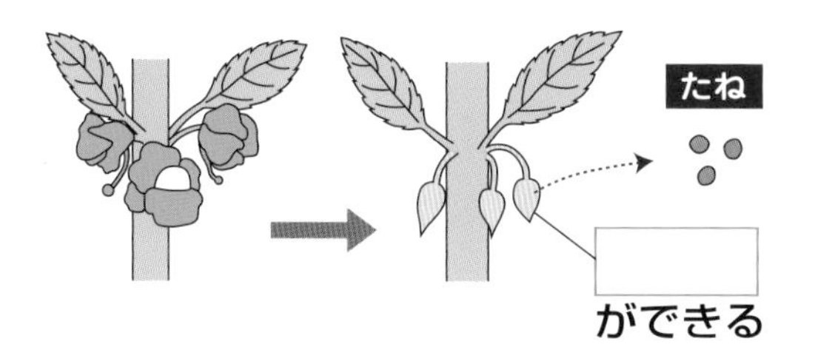

21 太陽の動きとかげのいち (p.65)

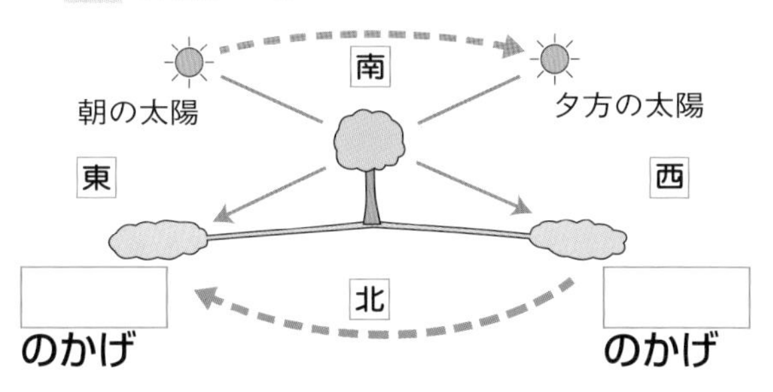

22 温度計の見かた (p.65)

温度計の目もりは　　　のほうから見る。

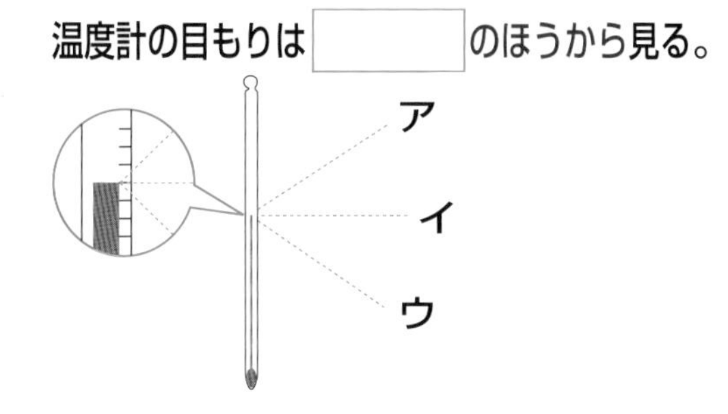

23 てんびんとおもりの重さ (p.75)

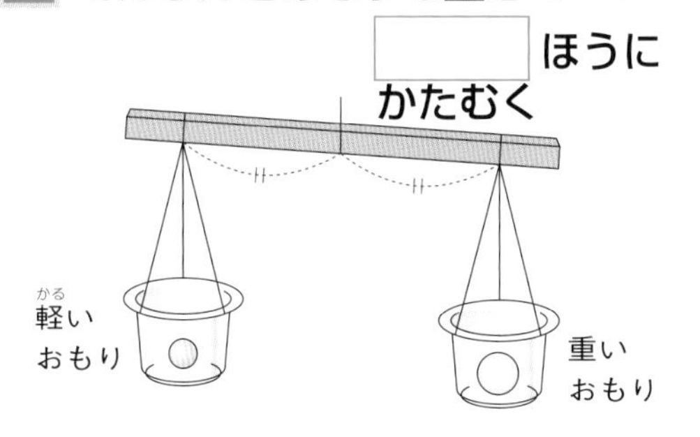

24 物の形と重さ (p.75)

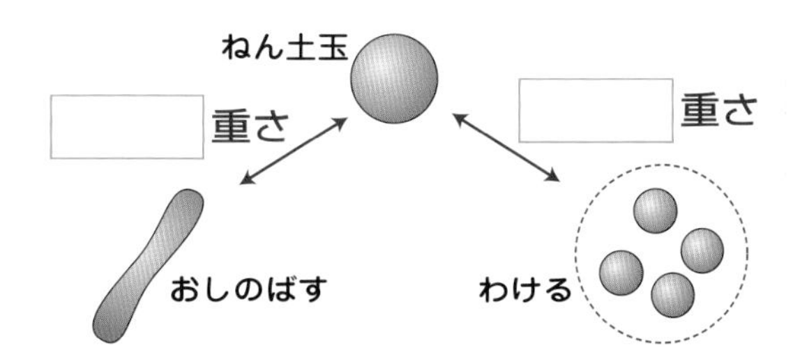

25 同じ体せきの物の重さ (p.75)

次のなかでは　　　がいちばん重い。

鉄　　発ぽうポリスチレン　　木ざい

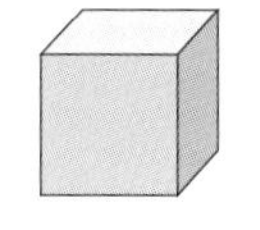
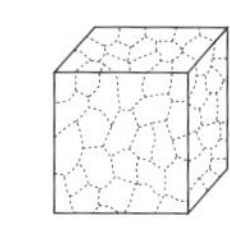
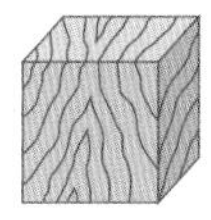

(10cm³ あたりの重さ)

26 風の向きと物の動き方 (p.83)

風の向きは図の　　　から

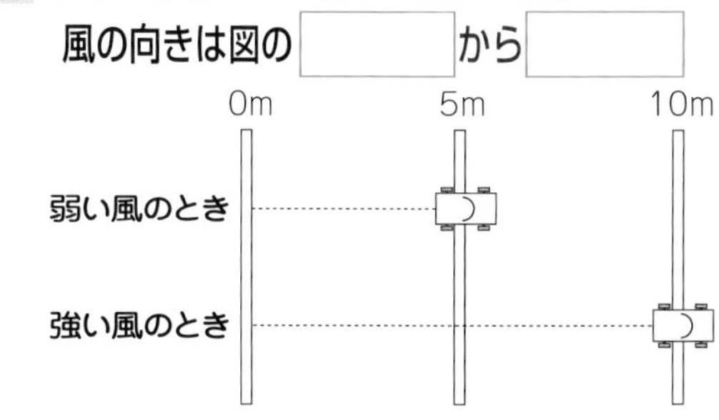

27 ゴムののばし方と物の動き (p.83)

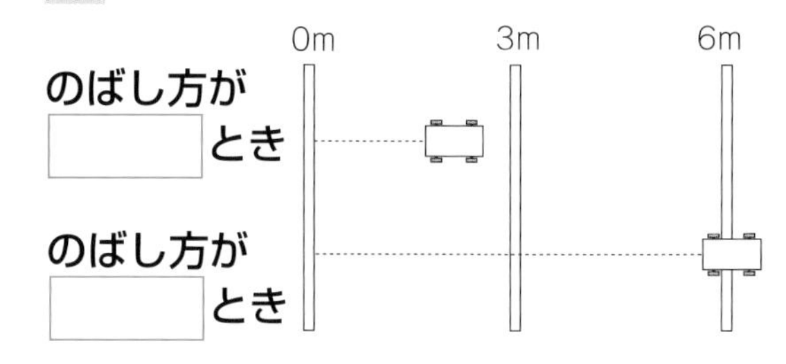

28 かがみと日光 (p.91)

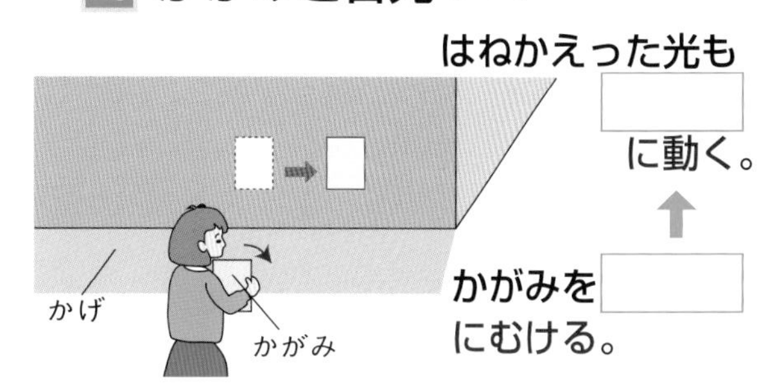

29 はねかえした日光 (p.91)

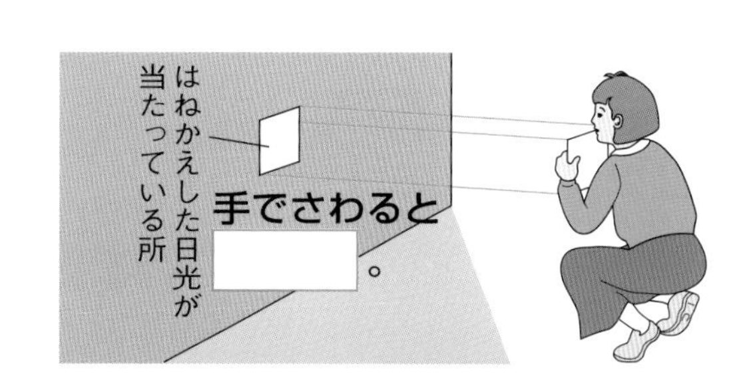

20 ホウセンカがさいたあと

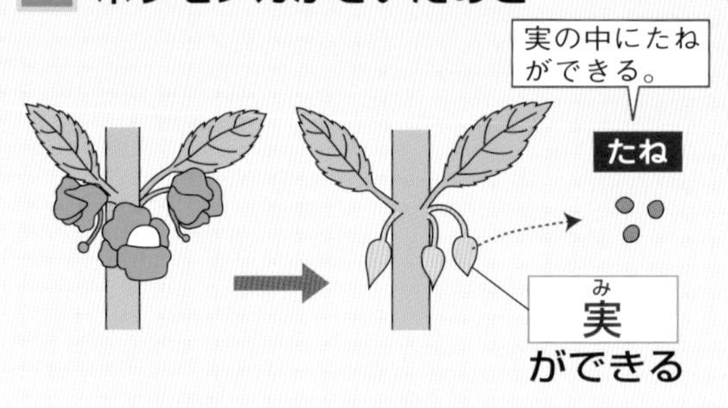

21 太陽の動きとかげのいち

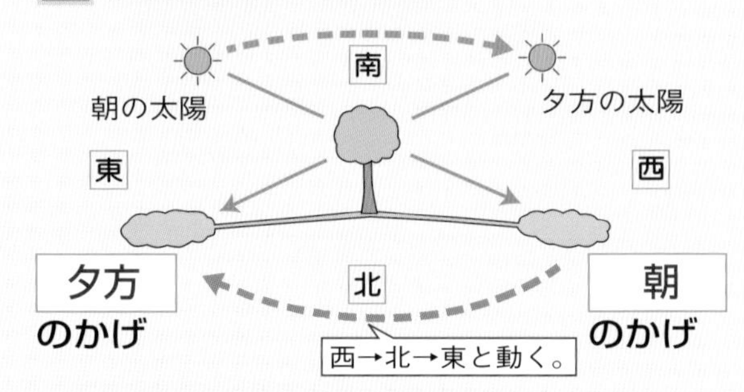

22 温度計の見かた

温度計の目もりは イ のほうから見る。

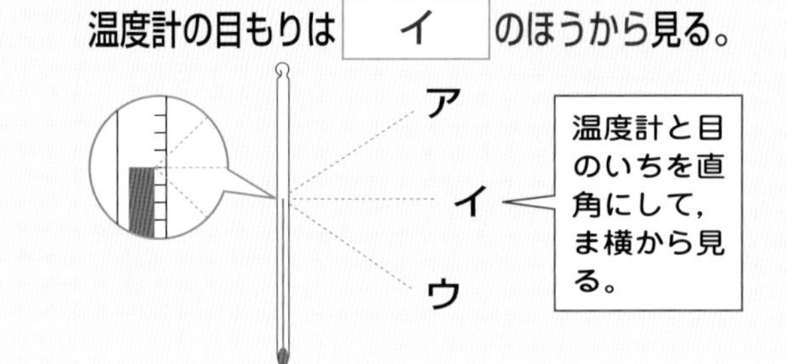

23 てんびんとおもりの重さ

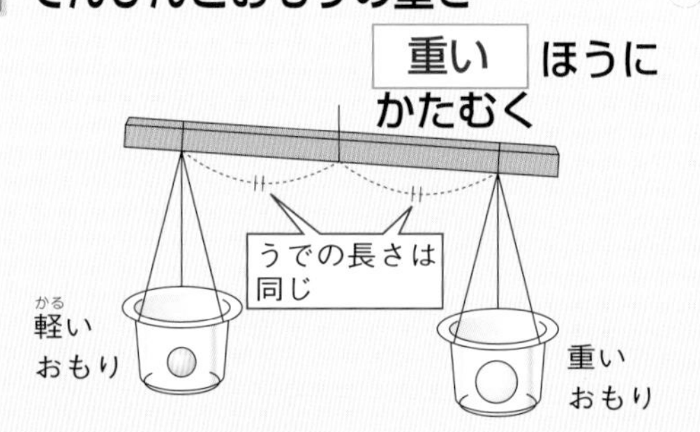

24 物の形と重さ

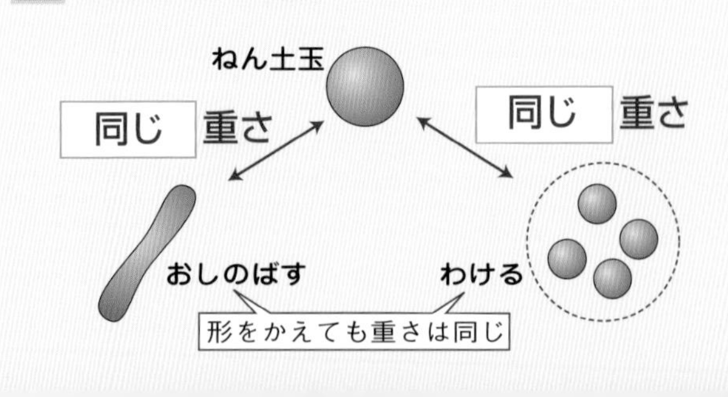

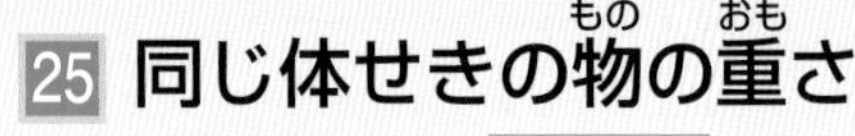

25 同じ体せきの物の重さ

次のなかでは 鉄 がいちばん重い。

鉄	発ぽうポリスチレン	木ざい
80g	1g	5g

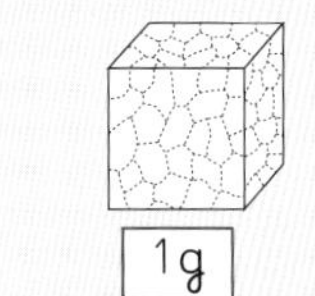
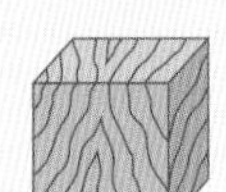

（10cm³ あたりの重さ）

26 風の向きと物の動き方

風の向きは図の 左 から 右

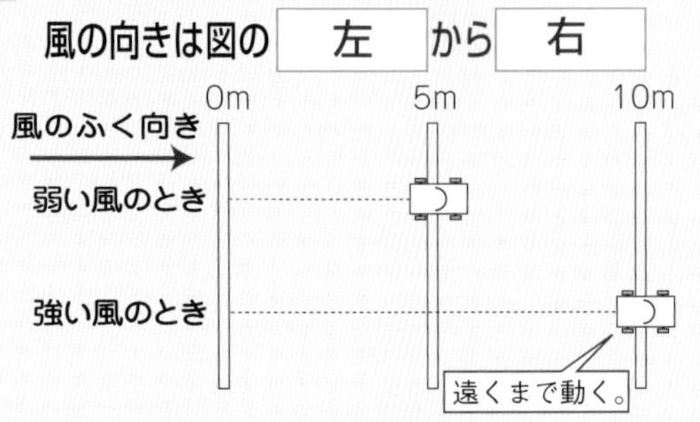

27 ゴムののばし方と物の動き

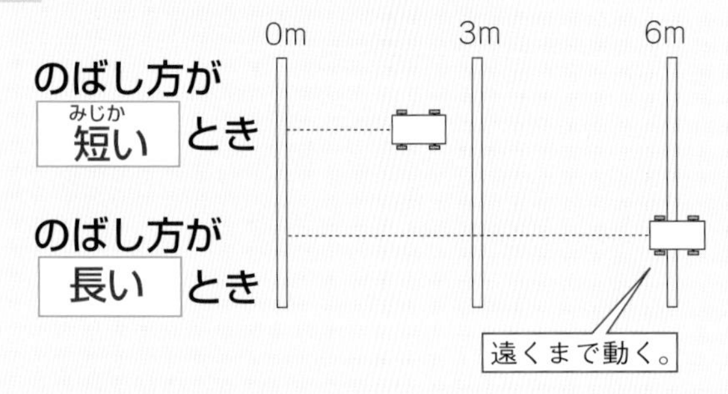

28 かがみと日光

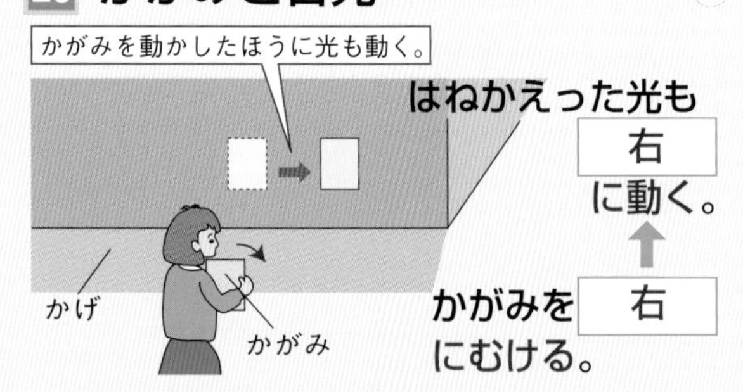

29 はねかえした日光

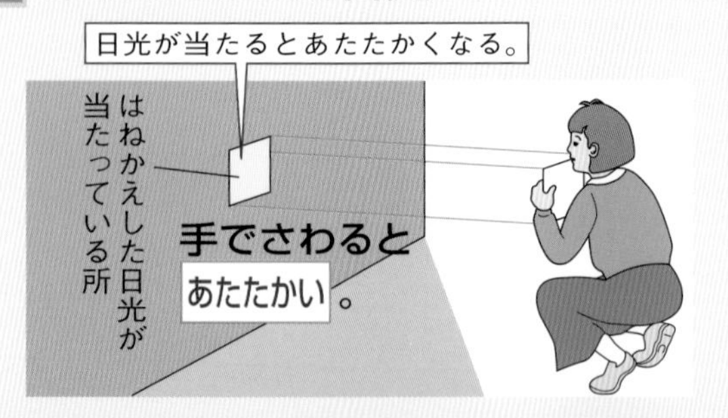

30 虫めがねと日光 (p.91)

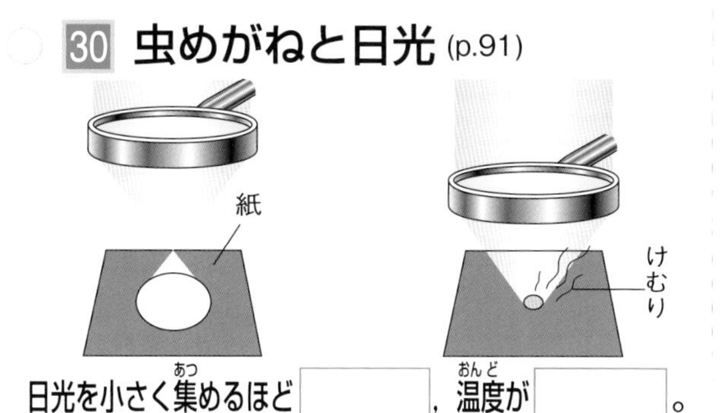

日光を小さく集めるほど［　　］，温度が［　　］。

31 音のせいしつ (p.91)

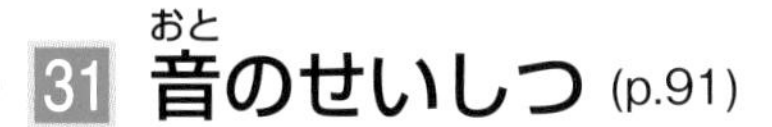

音が出ているものは［　　］ている。

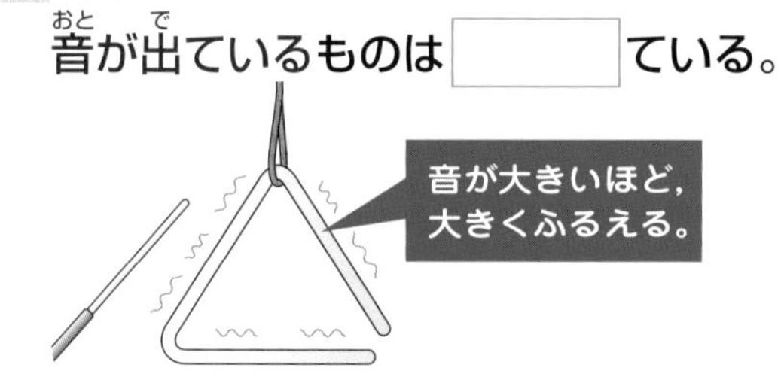

32 豆電球をかん電池につなぐ① (p.105)

豆電球が［　　］つなぎ方

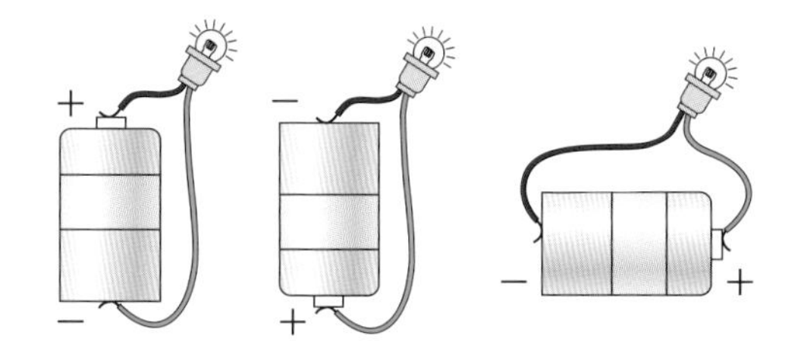

33 豆電球をかん電池につなぐ② (p.105)

豆電球が［　　］つなぎ方

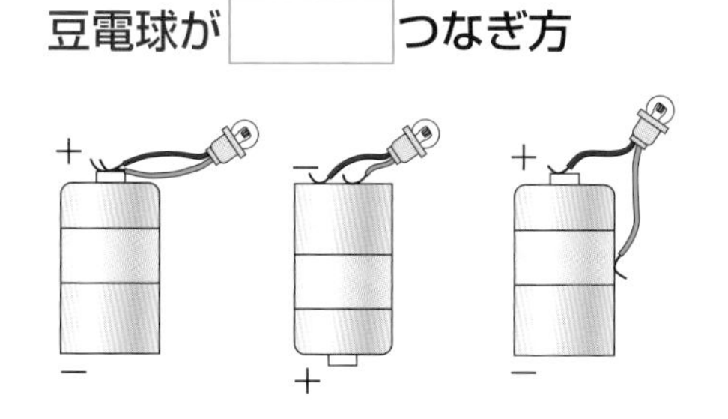

34 電気の通り道 (p.105)

豆電球は［　　］。

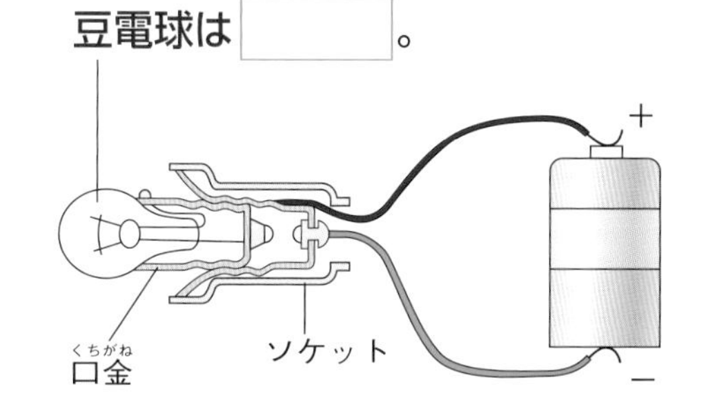

35 電気を通す物 (p.105)

［　　］でできている物は電気を通す。

36 じしゃくと鉄 (p.115)

じしゃくはクリップのような［　　］でできている物を引きつける。

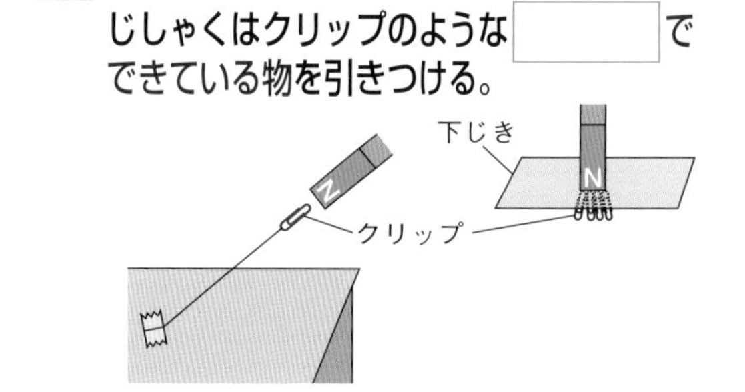

37 じしゃくの両はし (p.115)

［　　］きょく　　［　　］きょく

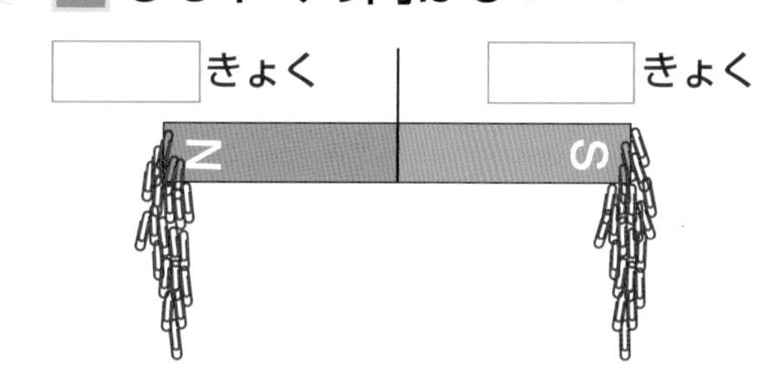

38 じしゃくのきょく (p.115)

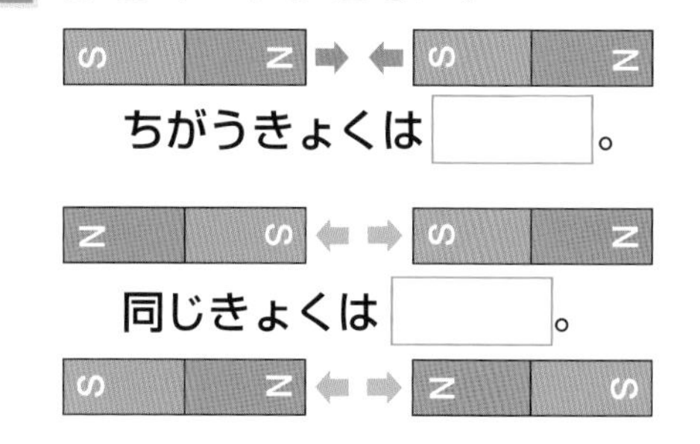

ちがうきょくは［　　］。

同じきょくは［　　］。

39 じしゃくのさす方向 (p.115)

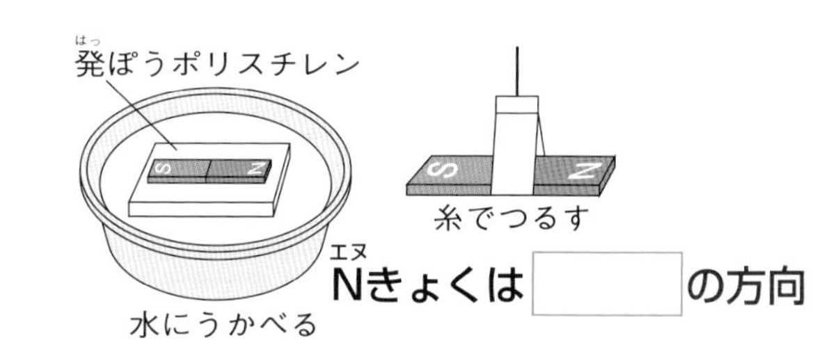

Nきょくは［　　］の方向

30 虫めがねと日光

日光を小さく集めるほど 明るく ，温度が 高い 。

31 音のせいしつ

音が出ているものは ふるえ ている。

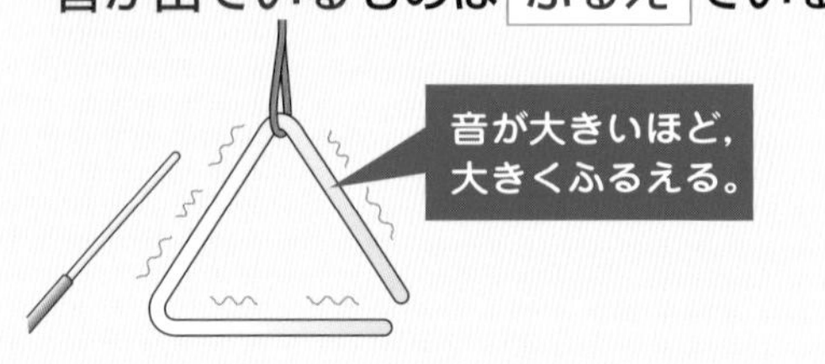

32 豆電球をかん電池につなぐ①

豆電球が つく つなぎ方

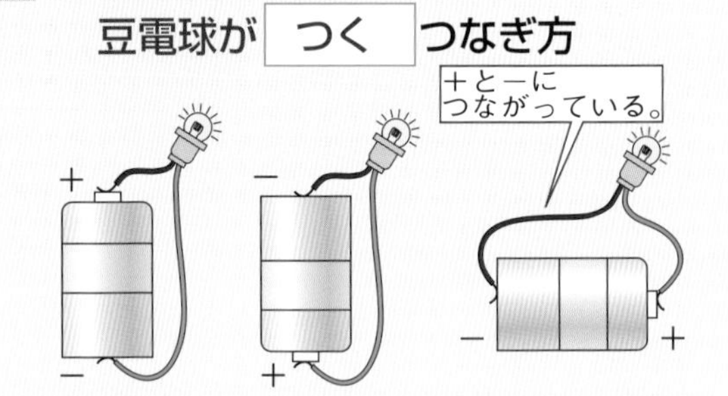

33 豆電球をかん電池につなぐ②

豆電球が つかない つなぎ方

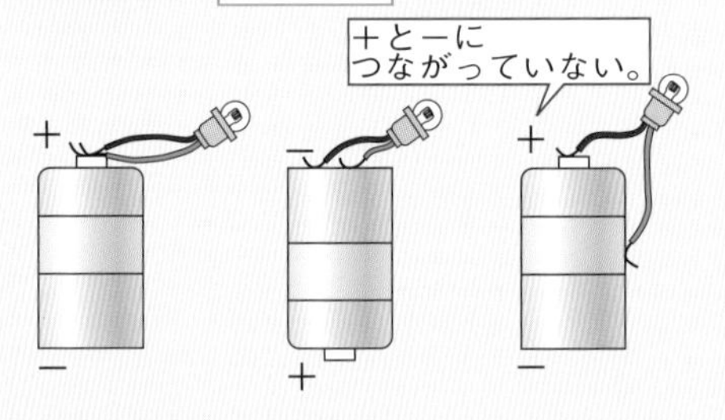

34 電気の通り道

豆電球は つかない 。

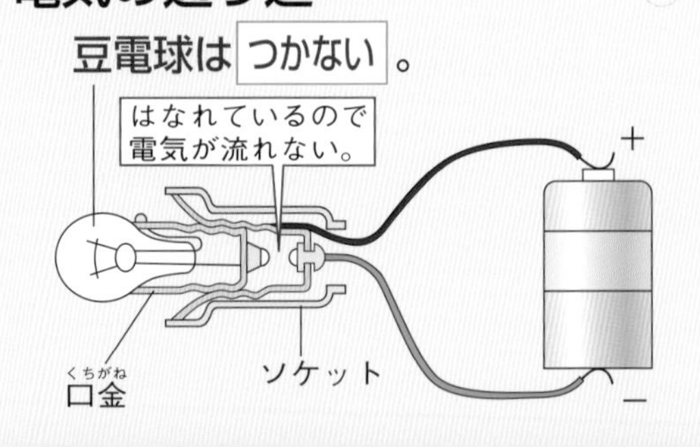

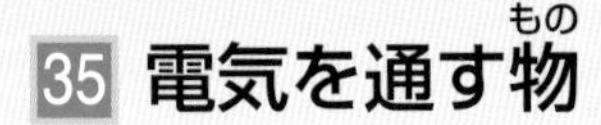

35 電気を通す物

金ぞく でできている物は電気を通す。

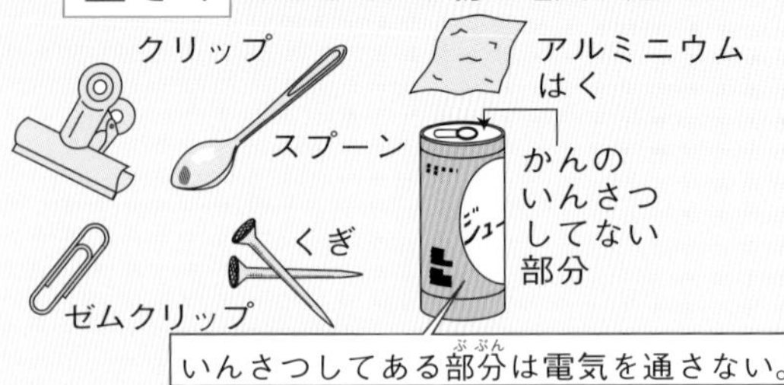

36 じしゃくと鉄

じしゃくはクリップのような 鉄 でできている物を引きつける。

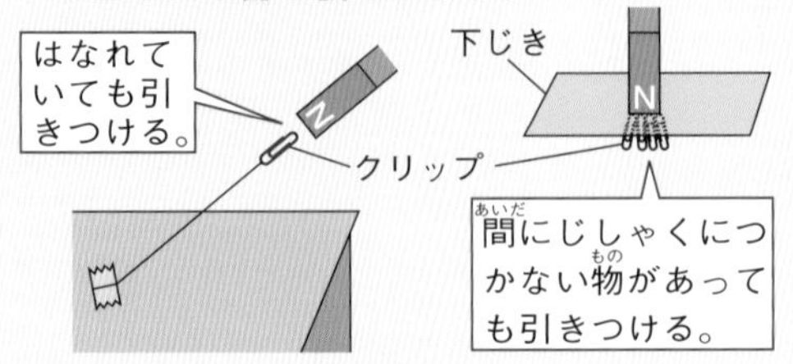

37 じしゃくの両はし

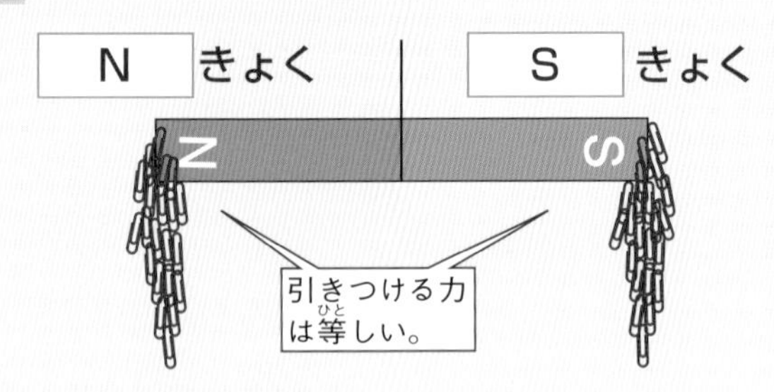

38 じしゃくのきょく

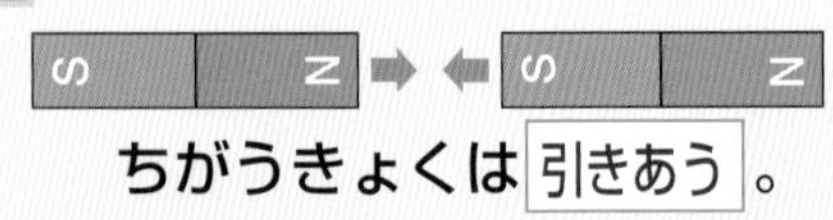

ちがうきょくは 引きあう 。

同じきょくは しりぞけあう 。

39 じしゃくのさす方向

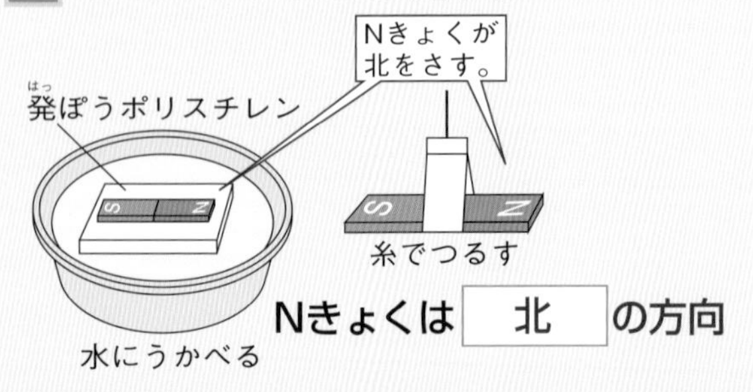

Nきょくは 北 の方向

この本のとく色と使い方

この本は，全国の小学校・じゅくの先生やお友だちに，“どんな本がいちばん役に立つか”をきいてつくった参考書です。

1. 教科書にピッタリとあっている。
2. たいせつなこと（要点）が，わかりやすく，ハッキリ書いてある。
3. 教科書のドリルやテストに出る問題が，たくさんのせてある。
4. 問題の考え方が，親切に書いてあるので，実力が身につく。
5. カラー写真や図・表がたくさんのっているので，楽しく勉強できる。中学入試にも利用できる。

この本の組み立てと使い方

● その章で勉強するたいせつなことをまとめてあります。

▶ 学校で勉強する前や勉強したあとにくり返し見て，おぼえるようにしておきましょう。

本 文

● 教科書で勉強することを，じゅん番に，わかりやすく，くわしくせつ明してあります。

▶ みなさんがぎ問に思うことに，3つの答えをのせています。どれが正しいのかを考えてから，せつ明を読みましょう。

▶「もっとくわしく」「なぜだろう」では，教科書に書いてあることをさらにくわしくし，わかりやすくせつ明してあります。

▶「たいせつポイント」はテストに出やすいたいせつなポイントです。かならずおぼえましょう。

問 題

教科書のドリル

テストに出る問題

● たくさんの問題をのせて，問題練習がじゅうぶんにできるようにしてあります。

▶「教科書のドリル」は勉強したことをたしかめるための問題です。まちがえた所は，もう一度本文を見直しましょう。

▶「テストに出る問題」は，学校のテストなどによく出る問題ばかりです。時間を決めて，テストの形で練習しましょう。

なるほど科学館

● みなさんがきょう味のあることや，知っているとためになることをまとめました。

▶ 図や写真をたくさんのせて，わかりやすくせつ明してあります。理科の勉強の楽しさがわかります。

もくじ

なるほど科学館

もくじ

もくじ

1 花や虫をさがそう

☆ 春の花だんには，チューリップやスイセンなどの花がさいている。

春の花だんにさく花

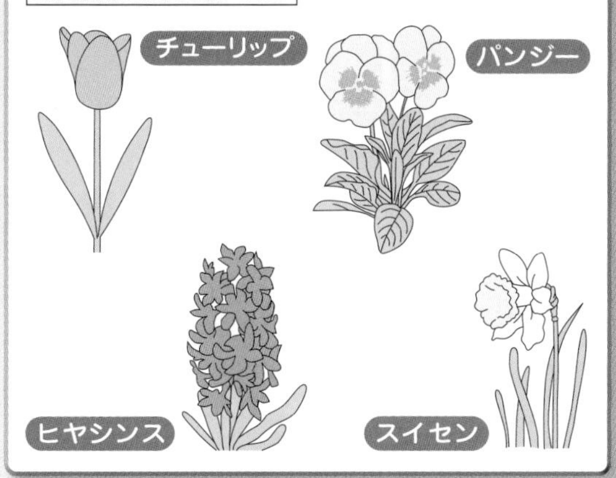

☆ 春には，チョウやミツバチなどが花にきてみつをすっている。

花のみつをすう虫

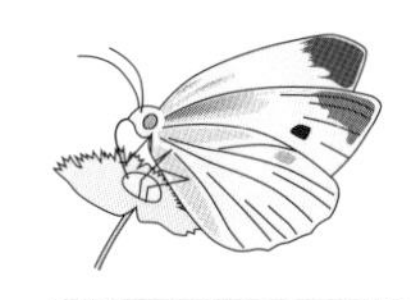

アゲハ

☆ 春の野原には，タンポポやシロツメクサなどの花がさいている。

春の野原にさく花

タンポポ

シロツメクサ

オオイヌノフグリ

ハルジオン

☆ 虫めがねの使い方には，次の2とおりがある。

見たい物が動かせるとき

見たい物を近づけたり遠ざけたりして，はっきり見える所で止める。

見たい物が動かせないとき

虫めがねを近づけたり遠ざけたりする。

1 花(か)だんや野原(のはら)の花(はな)

1 考えよう 春(はる)の花だんには，どんな花がさいているでしょうか。

正しいのは？
- Ⓐ ヒマワリ・オシロイバナ・アサガオ
- Ⓑ チューリップ・スイセン・パンジー
- Ⓒ コスモス・キク・キキョウ

観察 春(はる)になると，花だんや校庭(こうてい)では，いろいろな花がさきはじめます。どんな花がさいているか，さがしてみましょう。

● **春の花だんの花**の多(おお)くは，**きょ年(ねん)の秋(あき)にたねをまいた**ものです。

● 春の花だんや校庭(こうてい)で見(み)られる花を，下(した)に写真(しゃしん)でのせました。いくつ知(し)っていますか。

答 Ⓑ

2 考えよう 春の野原には，どんな花がさいているでしょうか。

正しいのは？
Ⓐ ヒガンバナ・ノカンゾウ・ツユクサ
Ⓑ アザミ・マツヨイグサ・ヤマユリ
Ⓒ タンポポ・ハルジオン・シロツメクサ

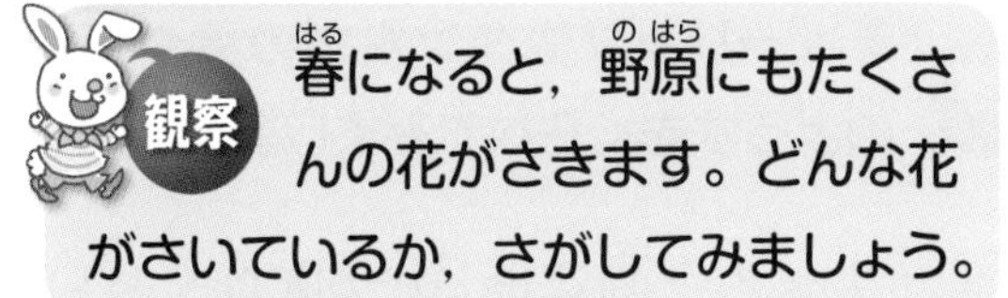

観察 春になると，野原にもたくさんの花がさきます。どんな花がさいているか，さがしてみましょう。

● 春の野原の花の中には，きょ年の秋にこぼれたたねからめを出して育ったものがあります。

● また，寒い冬の間は葉やくきがかれていますが，土の中では根が生きていて，あたたかくなって，そこからめを出して育ったものもあります。

● 下の写真は，春の野原でふつうに見られる花ばかりです。これらのうち，いくつ知っていますか。

答 Ⓒ

3 考えよう チューリップの葉は，どのようなすがたをしていますか。

正しいのは？

Ⓐ ギザギザした形で，表面がざらざら。
Ⓑ 丸い形で，表面がさらさら。
Ⓒ 細くて長く，表面がすべすべ。

観察 チューリップやタンポポの葉や花のようすをくらべてみましょう。

チューリップ　　タンポポ

● チューリップの**高さは20～50cm**くらいで，タンポポの**高さは20cm**くらいです。

● **チューリップ**の葉は，**細くて長く，表面はすべすべ**しています。また，花の色は，赤・白・むらさきなど，さまざまです。

● **タンポポ**の葉は，**ギザギザした形で，表面がざらざら**しています。また，花の色は黄色で，たくさんの花びらが集まったように見えます。

答 Ⓒ

4 考えよう エノコログサの根の形は，どのようなすがたをしていますか。

正しいのは？

Ⓐ 太い根と，えだわかれした細い根。
Ⓑ ひげのような細い根がたくさん出ている。
Ⓒ 太い根だけがたくさん出ている。

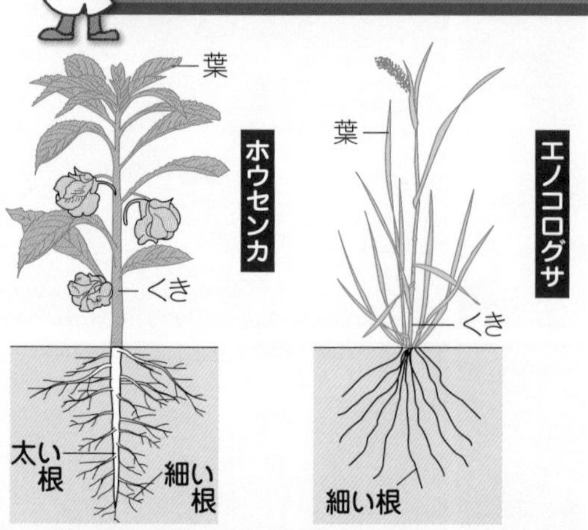

● ホウセンカは**高さが60cm**くらい，エノコログサは**高さが70cm**くらいです。

● **ホウセンカ**では，くきの根もとのほうから太い根がのびています。太い根からは，えだわかれした細い根がたくさん出ています。

● **エノコログサ**では，くきのつけねから，同じ太さの**ひげのような細い根**がたくさん出ています。

答 Ⓑ

たいせつポイント

植物の大きさや，葉・花のようすは，植物によってちがう。
植物の根の形や大きさも，植物によってちがう。

2 花だんや野原の虫

1 考えよう 春の花だんや野原には，どんな虫がいるでしょうか。

正しいのは？
- A アキアカネ・コオロギ・スズムシ
- B モンシロチョウ・ハナアブ・ミツバチ
- C アブラゼミ・カブトムシ・クワガタムシ

観察 春の花だんや野原の花には，いろいろな虫がきています。どんな虫がいるでしょうか。

● 春になってあたたかくなると，いろいろな虫が動きはじめます。これらの虫の多くは，きれいな花に集まってきたものですが，なかには，石の下などで見つかるものもいます。

● 春の花だんや野原で見られる虫を，下の写真にしめしました。どれを知っていますか。

答 B

2 考えよう ダンゴムシを見つけるには，どこをさがせばよいでしょう。

正しいのは？
- A 校庭の水たまりの中。
- B かわいたすなの中。
- C 石の下やしめった落ち葉の下。

丸くなったダンゴムシ

観察 ダンゴムシがすんでいるところと，ダンゴムシのからだのようすをしらべましょう。

● **ダンゴムシ**は，**大きさが1～1.5cm**くらいで，校庭の**石の下やしめった落ち葉の下**などをさがすと見つかります。これはダンゴムシが**かれ葉を食べ物**としているからです。

● ダンゴムシにさわると，ボールのように**丸くなります。**そのため，ダンゴムシは**マルムシ**ともよばれています。

答 C

3 考えよう テントウムシとアリでは，どちらが大きいでしょう。

正しいのは？
- A テントウムシのほうが大きい。
- B アリのほうが大きい。
- C どちらも同じ大きさ。

テントウムシとアブラムシ

オタマジャクシ

● **テントウムシ**　**大きさは1cm**くらいで，丸い形をしています。からだの表面は赤色で，円の形をした黒いもようがあります。テントウムシはアブラムシを食べています。

● **アリ**　からだの**大きさは2～5mm**くらいで，黒色です。土の中などにすみかをつくり，たくさん集まって生活しています。

● **オタマジャクシ**　カエルの子どもで，池の中を泳いでいます。

答 A

たいせつポイント
- 校庭には，ダンゴムシやアリなどの小さな生き物もいる。
- 生き物の大きさや形・色は，生き物によってちがう。

4 考えよう 虫めがねは，どのようなときに使えばよいのでしょうか。

正しいのは？

Ⓐ 物を小さくして見たいとき
Ⓑ 物を同じ大きさで見たいとき
Ⓒ 物を大きくして見たいとき

● 物を大きくして見たいときには，**虫めがね（ルーペ）**を使います。虫めがねの使い方には，次の2とおりがあります。

● **見たい物が動かせるとき**は，

① 目の近くで虫めがねを手でささえます。

② **見たい物を近づけたり遠ざけたり**して，はっきり見える所で止めます。

● **見たい物が動かせないとき**は，

① 虫めがねを手でささえたまま，見たい物に顔を近づけます。

② 見たい物に**虫めがねを近づけたり遠ざけたり**して，はっきり見える所で止めます。

答 Ⓒ

花や虫をかんさつしたら，次のようにして，カードに記ろくしておきましょう。記ろくしたカードは，とじてまとめておくと，見直すときにべんりです。

かんさつカード（記ろくカード）のつくり方

❶ かんさつした物や，調べたことを題名にして書く。

❷ かんさつした日（何月何日）と，自分の名前を書く。

❸ かんさつした物を絵にかいて，色をぬる。

❹ 気がついたことや，思ったことを書いておく。

かんさつした物の名前や題名を書く。

モンシロチョウ

4月20日
吉田ひかり

月・日と名前を書く。

絵をかいて色をぬる。

モンシロチョウがストローのような口で花のみつをすっていた。
花のみつはあまいのかな。

思ったことも書いておく。

気がついたことを書く。

教科書のドリル

答え → 別さつ2ページ

1 次の中から，あたたかい春になって見られる花を4つえらび，記号を書きなさい。

（　　）（　　）
（　　）（　　）

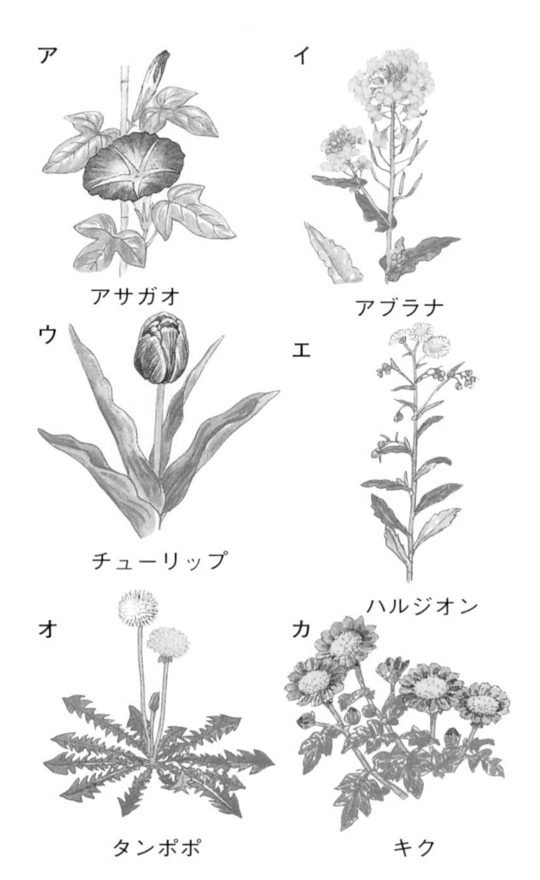

2 次の花のうち，野原でよく見られる花はどれですか。3つえらびなさい。

（　　　　）
（　　　　）（　　　　）

チューリップ	タンポポ
ナズナ	ヒヤシンス
オオイヌノフグリ	スイセン

3 次の図は，春の野原に見られる虫をかいたものです。それぞれの名前を書きなさい。

①（　　　　）②（　　　　）
③（　　　　）④（　　　　）

4 次の文の（　）にあてはまることばを書きなさい。

(1) 物を大きくして見たいときは，（　　　　）を使う。

(2) その場合，見たい物が動かせるときは，（　　　　）を近づけたり遠ざけたりして，はっきりと見える所で止めて見る。

(3) しかし，見たい物が動かせないときは，（　　　　）を遠ざけたり，近づけたりして見る。

テストに出る問題

答え → 別さつ2ページ
時間15分　合格点80点　とく点　／100

1 右の写真を見て，次の問いに答えなさい。

［10点ずつ…合計20点］

(1)　この花は何という花ですか。〔　　〕

(2)　この花はいつごろさきますか。きせつを答えなさい。〔　　〕

2 右の図を見て，次の問いに答えなさい。

［10点ずつ…合計50点］

(1)　この花の名前を書きなさい。〔　　〕

(2)　この花は，どんな所によくさきますか。〔　　〕

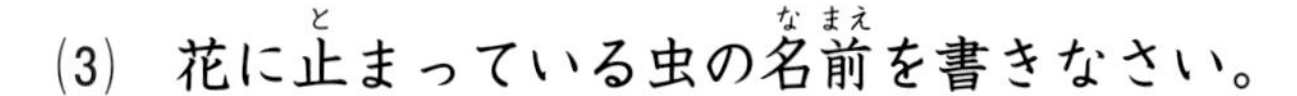

ア　野原や校庭のまわり　　イ　花だんの中

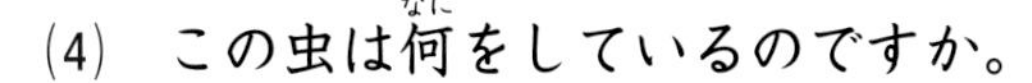

ウ　池の近くのしめった所

(3)　花に止まっている虫の名前を書きなさい。〔　　〕

(4)　この虫は何をしているのですか。〔　　〕

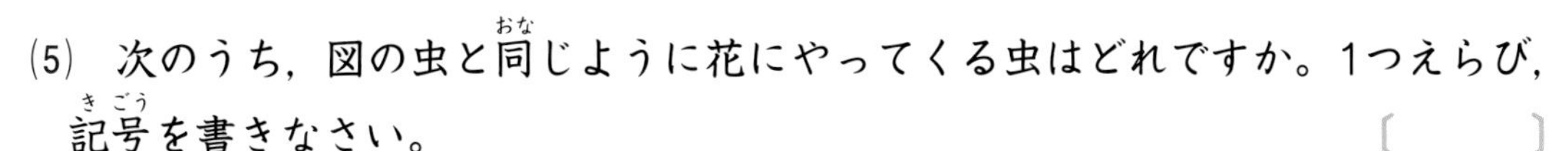

(5)　次のうち，図の虫と同じように花にやってくる虫はどれですか。1つえらび，記号を書きなさい。〔　　〕

ア　ナナホシテントウ　　イ　ハナムグリ　　ウ　ダンゴムシ　　エ　アリ

3 野原に，右の図のような花がさいていました。これについて，次の問いに答えなさい。　［10点ずつ…合計30点］

(1)　この花の名前を書きなさい。〔　　〕

(2)　この花をつみとらずに，虫めがねでかんさつしたいと思います。次のア，イのどちらでかんさつすればいいですか。記号を書きなさい。〔　　〕

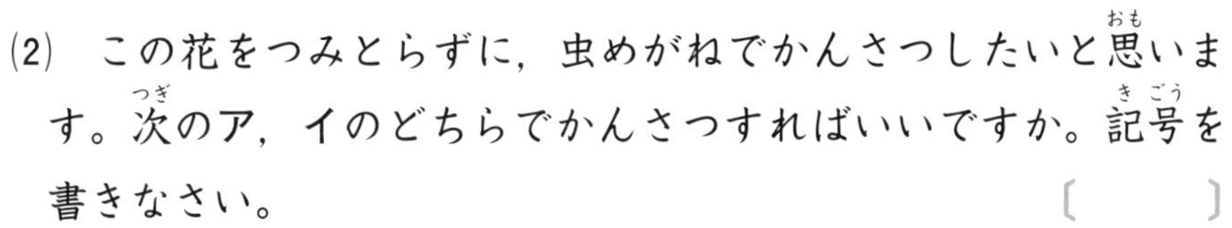

ア　なるべく花からはなれてから，虫めがねに目を近づけて見る。
イ　花に顔を近づけてから，虫めがねを動かして見る。

(3)　虫めがねを使うときに，ぜったいにしてはいけないことは何ですか。

〔　　〕

なるほど科学館

花にくるミツバチはおす？めす？

▶春になると，レンゲやタンポポなどの花にミツバチがきて，せっせとみつを集めているのが見られます。実は，このミツバチはすべてめすなのです。

▶ミツバチのすには，ふつう，数千から数万のハチがいますが，ほとんどはめすです（おすは，10ぴきのうち，だいたい1ぴきくらい）。

▶そして，めすのハチのうちの1ぴきだけがたまごをうむ女王バチで，そのほかのめすはすべてはたらきバチです。

▶はたらきバチは，花のみつや花ふんを集めたり，よう虫のせわをしたりします。

▶おすのやくわりは，女王バチと交びをして子そんをのこすことです。

花にきたミツバチ

大きくなるチューリップの花

▶チューリップの花が開いたりとじたりすることを知っていますか。チューリップの花は，昼間のあたたかいときは開いて，夜の寒いときはとじます。

▶そして，開いたりとじたりをくりかえしながら，花の大きさがだんだん大きくなります。

▶花がさいてすぐのころと花がちる前とで，花の大きさをくらべてみましょう。

2 植物を育てよう

教科書のまとめ

★ たねの形や色は，植物のしゅるいによってちがう。

ホウセンカ

黒くて小さい。丸い。

オクラ

黒くて丸い。

マリーゴールド

黒くて細長い。はねのようなものがある。

ヒマワリ

白と黒のしまもようがある。

★ 植物のたねをまくと，まず，子葉という2まいの葉が出る。

ホウセンカのめばえ

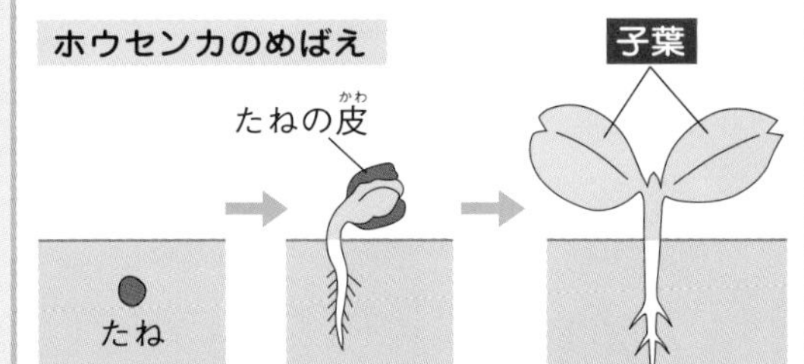

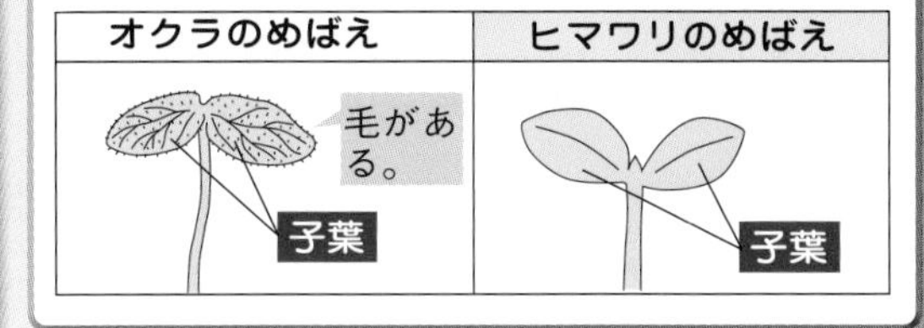

★ 植物のたねは2cmくらいの深さにまき，ときどき水をやる。

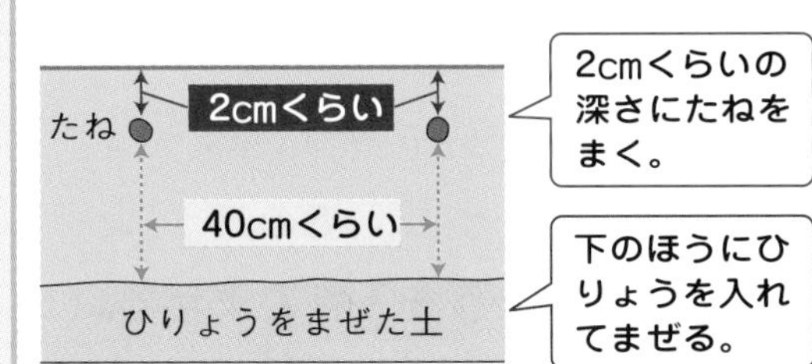

2cmくらいの深さにたねをまく。

下のほうにひりょうを入れてまぜる。

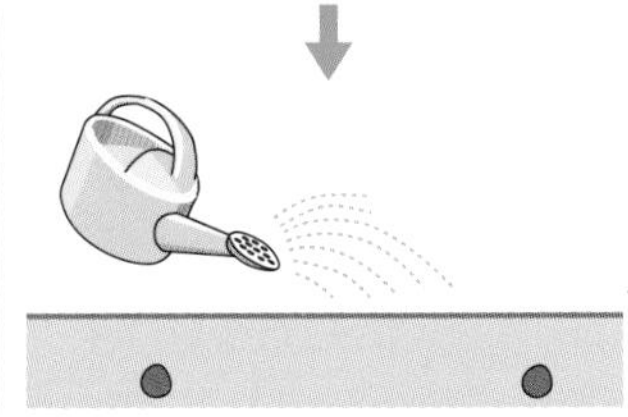

かわかないように，ときどき水をやる。

★ 子葉の間からは，べつの形の葉が出る。

ホウセンカ

新しい葉　子葉

ヒマワリ

新しい葉　子葉

- ●子葉の先は丸みがある。
- ●新しい葉の先はとがっている。

1 植物のたねまき

1 考えよう ホウセンカのたねは，どんな形や色をしているでしょうか。

正しいのは？
- Ⓐ 小さくて丸く，黒っぽい。
- Ⓑ 細長い形で，白と黒のしまもよう。
- Ⓒ 細長く，先にはねのようなものがある。

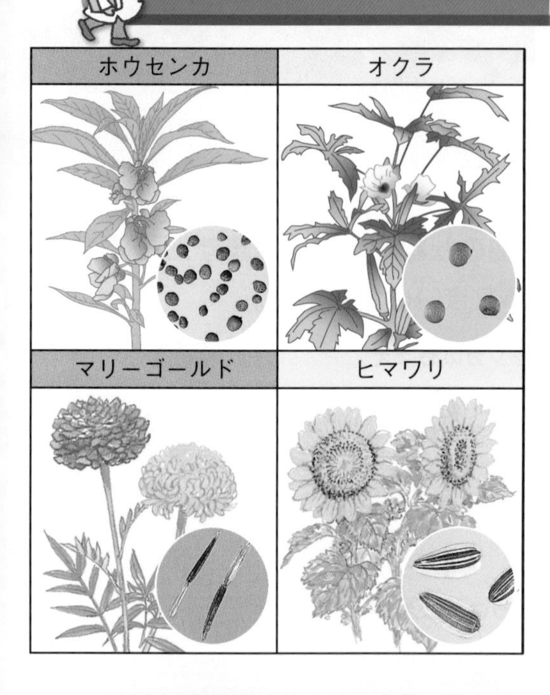

観察 ホウセンカやオクラ，マリーゴールドやヒマワリのたねを，くらべましょう。

●たねには，それぞれとくちょうがあります。

① **ホウセンカ**のたねは**黒っぽくて小つぶ**です。

② **オクラ**のたねは，**黒っぽくて丸い形**をしています。

③ **マリーゴールド**のたねは黒くて**細長く**，先に**はねのようなもの**がついています。

④ **ヒマワリ**のたねは**大きく**，**白と黒のしまもよう**が目立ちます。

答 Ⓐ

2 考えよう たねをまいたあと，どんなせわをすればよいでしょうか。

正しいのは？
- Ⓐ ときどき，水をやる。
- Ⓑ ときどき，ひりょうをやる。
- Ⓒ ときどきほりおこして，ようすを見る。

● 次のようにして，**たね**をまきます。

① **かたくてよくふくらんだたね**をえらぶ。

② まく所をよくたがやし，下のほうに，ふ葉土などの**ひりょうを入れてまぜる。**（ビニルポットにまくときは入れない）

③ ヒマワリは，**2cmくらいの深さ**に，たねをまく。

④ ときどき水をやって，**土がかわかないようにする。**

答 Ⓐ

2 植物の葉

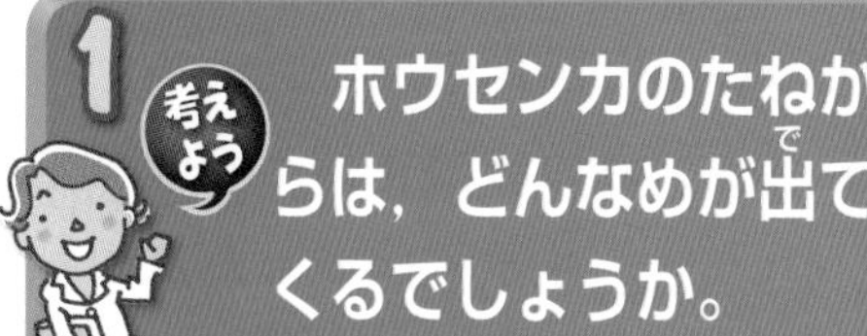

1 考えよう

ホウセンカのたねからは，どんなめが出てくるでしょうか。

正しいのは？

A はりのような細い葉が出る。
B 丸みをもった葉が１まい出る。
C 丸みをもった葉が２まい出る。

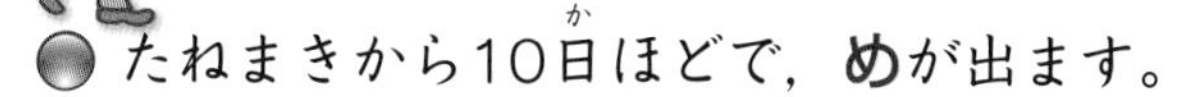

● たねまきから10日ほどで，**め**が出ます。

① ホウセンカのめは，たねの皮をつけて出て，皮がはずれると**子葉**という２まいの葉が開きます。

② 子葉にはあつみがあり，**葉の先も丸み**をもっています。

③ オクラやヒマワリなども子葉を出しますが，形や大きさはちがいます。

答 C

2 考えよう

子葉のあとには，どんな葉が出てくるでしょうか。

正しいのは？

A もう葉は出てこない。
B 子葉と同じ形の葉が出てくる。
C 子葉とはちがった形の葉が出てくる。

● 子葉が出てしばらくすると，子葉の間から，子葉とはべつの形をした，**新しい葉**が出てきます。

① 新しい葉は，**先がとがっています**。

② 新しい葉はつぎつぎと出てきます。それにつれて，**くきがのびていきます**。

答 C

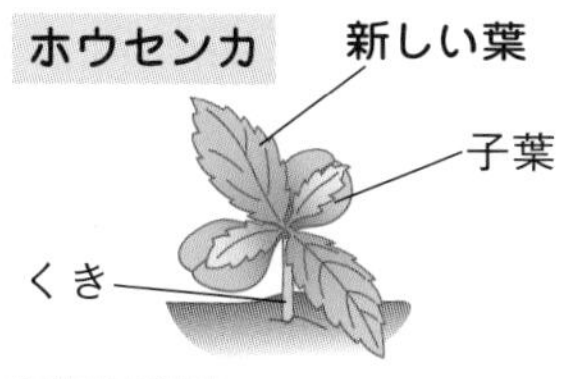

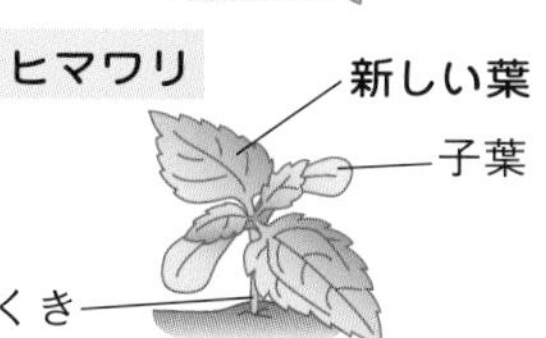

たいせつポイント

めばえ
- 子　葉…２まいの丸みのある葉。あつみがある。
- 新しい葉…子葉の間から出る。先がとがっている。

教科書のドリル

答え → 別さつ3ページ

1 次の図は，何という植物のたねですか。下からえらび，名前を書きなさい。

ア（　　　　　）　イ（　　　　　）

ウ（　　　　　）　エ（　　　　　）

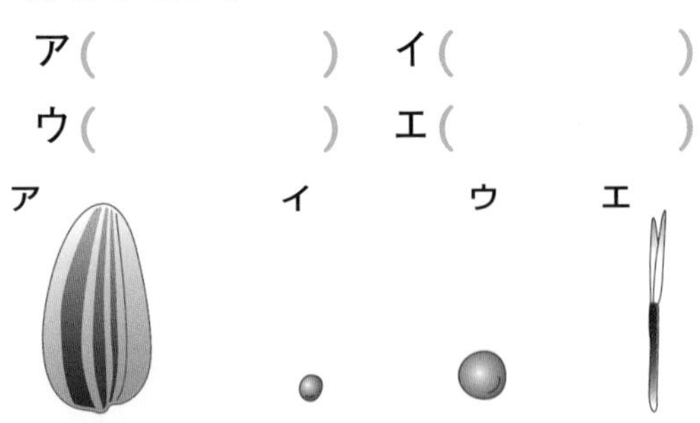

ホウセンカ	オクラ
マリーゴールド	ヒマワリ

2 植物のたねまきと，たねをまいたあとのせわについて，正しい文には○を，まちがっている文には×を書きなさい。

(1)　たねをまくときは，なるべく深い所にまく。（　　）

(2)　たねをまく所は，土をよくたがやし，たがやした土の下のほうにひりょうをまぜて入れておく。（　　）

(3)　土がかわかないように，ときどき水をやる。（　　）

(4)　土はなるべくかわかして，めが出やすいようにする。（　　）

(5)　土をときどきかきまぜて，空気の通りをよくする。（　　）

3 ホウセンカのめばえについて，次の問いに答えなさい。

(1)　ホウセンカのめばえのようすを正しくかいたものはどれですか。1つえらびなさい。（　　）

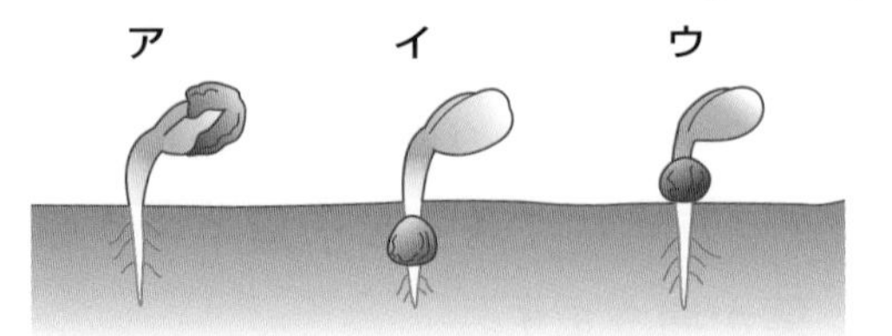

(2)　めが出てすぐ開く2まいの葉を何といいますか。（　　　）

4 次の図は，ホウセンカのめが出たようすです。これについて下の問いに答えなさい。

(1)　アの葉を何といいますか。

（　　　　）

(2)　アとイの葉は，どちらが先に出ましたか。（　　）

(3)　これからどんどんまい数がふえていく葉は，ア，イのどちらですか。

（　　）

テストに出る問題

答え → 別さつ3ページ
時間15分　合格点80点　とく点　／100

1 たねまきについて，次の問いに答えなさい。　［20点ずつ…合計60点］

(1)　ホウセンカのたねをまこうと思います。ホウセンカのたねは，右のア～ウのどれですか。1つえらんで，記号を書きなさい。

〔　　　〕

(2)　たねをまくときは，どのようにまいたほうがよいでしょうか。次のア～ウから1つえらんで，記号を書きなさい。　〔　　　〕

ア

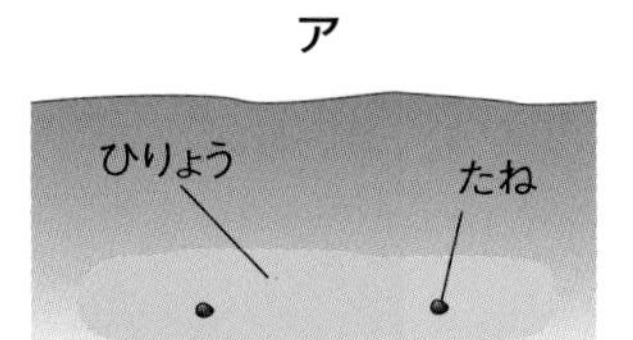

イ

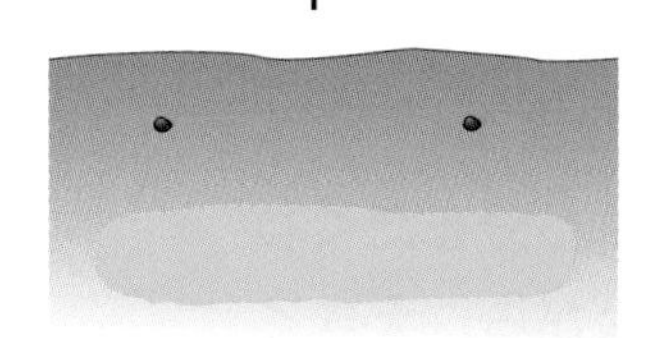

ウ

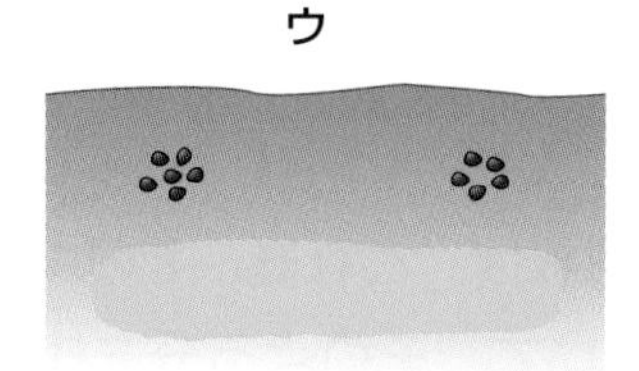

(3)　次の中から，ホウセンカのめばえを1つえらびなさい。　〔　　　〕

ア

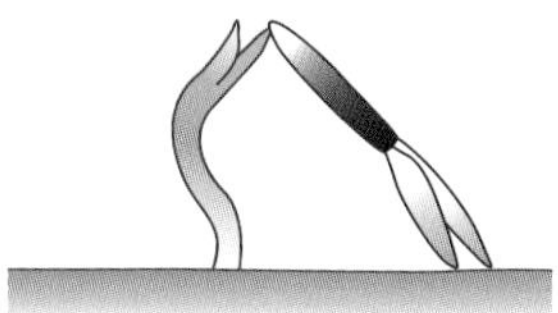

イ

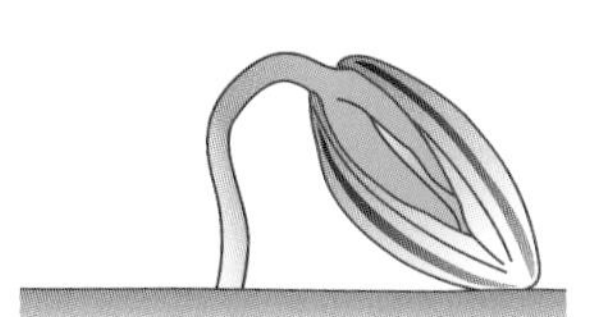

ウ

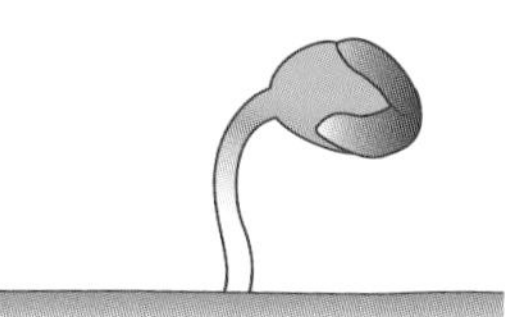

2 オクラのめばえについて，次の問いに答えなさい。　［合計40点］

(1)　オクラのめは，どんなじゅんじょで育っていきますか。次のア～エを育つじゅんにならべ，記号を書きなさい。　［30点］

〔　　　〕→〔　　　〕→〔　　　〕→〔　　　〕

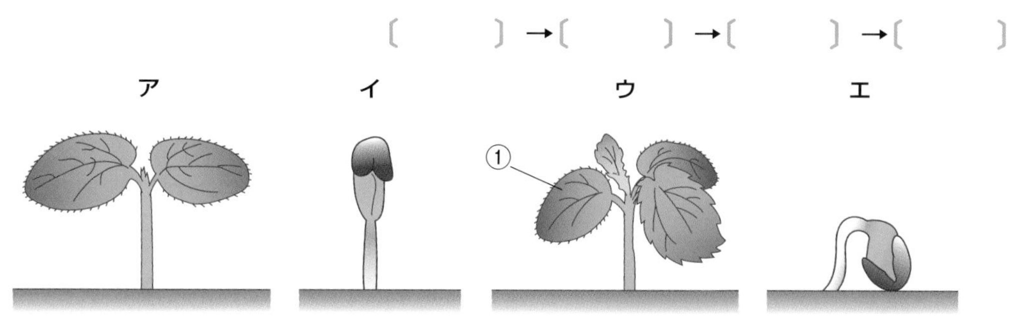

(2)　図の①の葉の数は，このあとふえますか。　［10点］〔　　　〕

なるほど科学館

球根から育つ植物

▶植物の中には，たねからではなく，球根から育てるものもあります。

▶春に花をさかせるチューリップやヒヤシンス，スイセンなどは，前の年の秋に土にうめた球根から育ったものです。

▶球根には，葉がかわったもの（ユリ）や地下のくきがふくらんだもの（グラジオラス），地下のくきや根がふくらんだもの（シクラメン）など，いろいろなしゅるいがあります。

▶球根は，どれも，その中によう分をたくわえていて，そのよう分を使いながら，大きく育っていくのです。

ユリ

グラジオラス

みなさんも，さし木にちょうせんしてみてください。

さし木でふやそう

▶葉がついたまま植物のくきを切って土にさしておくと，新しい根が出て育ちます。これを，さし木といいます。

▶さし木をするときの葉の数は２～３まいくらいがよく，多いとしおれやすくなります。

▶さし木をすると，たねから育てるよりもずっとはやく植物を育てることができます。そのため，サツマイモやキク，山に植える木などを育てるときは，まず，さし木でなえをふやしてから植えかえます。

3 チョウを育てよう

教科書のまとめ

★ モンシロチョウのたまごは，キャベツの葉のうらにうみつけられる。

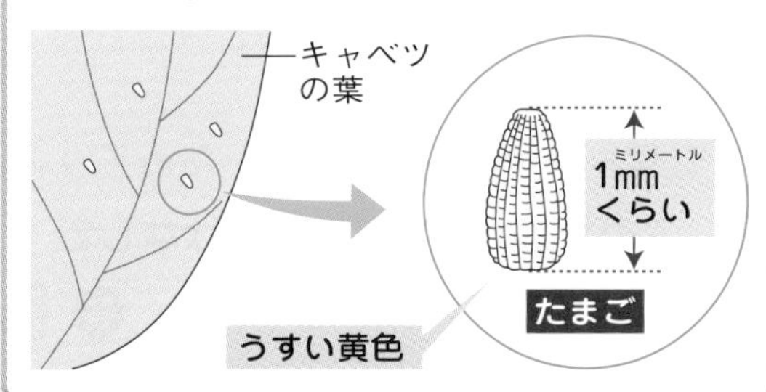

★ アゲハのたまごは，カラタチやミカンの葉にうみつけられる。

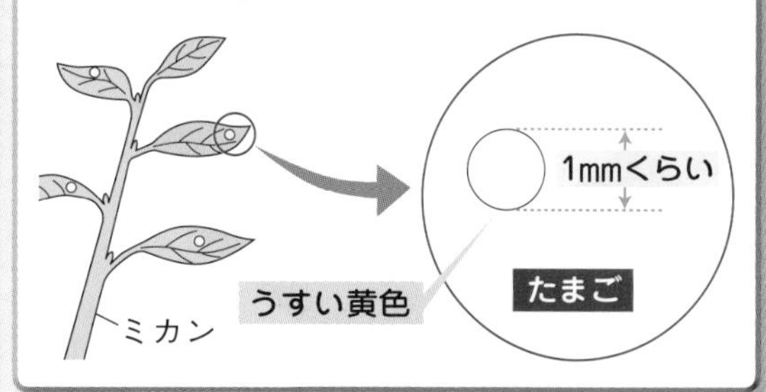

★ モンシロチョウは，たまご→よう虫（青虫）→さなぎ→せい虫（チョウ）のじゅんに育っていく。よう虫は，4回だっ皮をして大きくなる。

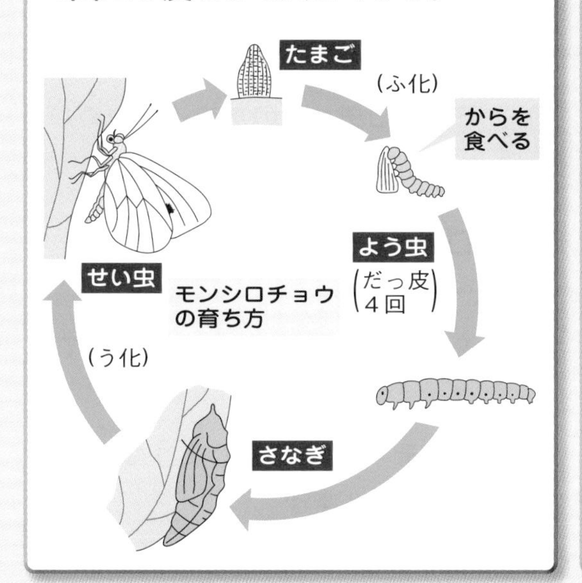

★ チョウのからだは，頭・むね・はらの3つの部分からできている。むねに6本のあし，4まいのはねがついている。

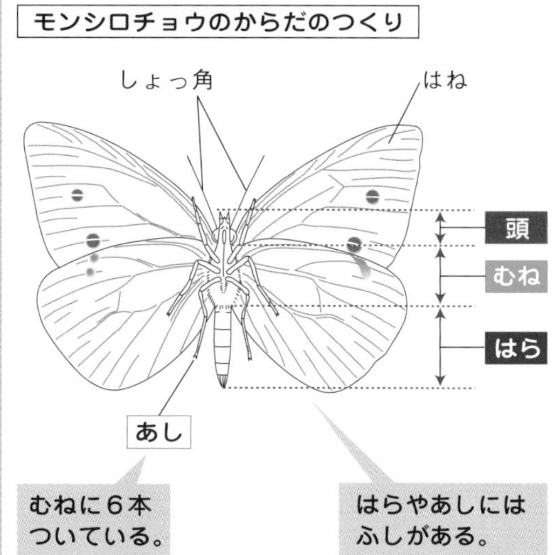

モンシロチョウのたまご

1 考えよう

花のない**キャベツ畑**にモンシロチョウがくるのは，なぜでしょう。

正しいのは？

Ⓐ キャベツの葉を食べにきた。
Ⓑ たまごをうみにやってきた。
Ⓒ 花がさいているものと，まちがってきた。

たまごをうむモンシロチョウ

観察 天気のよい日に，キャベツ畑に行って，モンシロチョウが何をしているのか調べてみましょう。

● モンシロチョウは，キャベツの葉のうらに止まり，おしりの先を葉にくっつけて，たまごをうみます。

● たまごは，1か所に何こもかためてうみつけられるのではなく，1こずつはなしてうみつけられます。

答 B

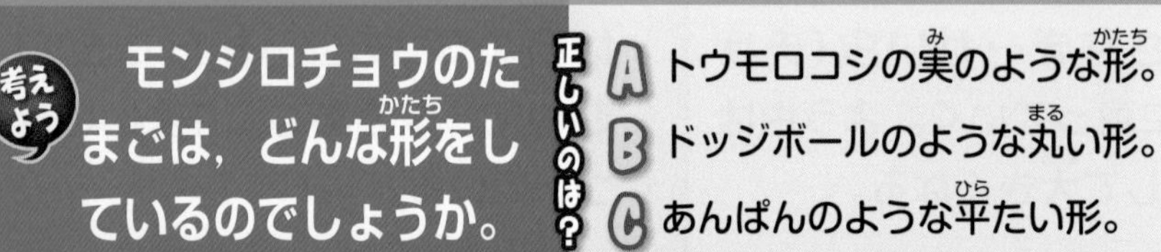

2 考えよう

モンシロチョウのたまごは，どんな形をしているのでしょうか。

正しいのは？

Ⓐ トウモロコシの実のような形。
Ⓑ ドッジボールのような丸い形。
Ⓒ あんぱんのような平たい形。

モンシロチョウのたまご

観察 モンシロチョウのたまごを虫めがねでかんさつしましょう。

● モンシロチョウのたまごは，1mmくらいの小さなつぶです。

● たまごを，虫めがねで大きくして見てみると，

① 形は，トウモロコシの実のような形をしているのがわかります。

② 色は，うすい黄色です。

答 

3 考えよう

モンシロチョウのたまごは，どのようになっていくでしょうか。

正しいのは？

- Ⓐ だんだん大きくなっていく。
- Ⓑ 大きさは同じで，黄色がこくなる。
- Ⓒ 大きさは同じで，まっ黒になる。

観察 モンシロチョウのたまごを，毎日かんさつしましょう。

● モンシロチョウのたまごは，うみつけられたときは**うすい黄色**ですが，だんだん**こい黄色**にかわります。

● しかし，たまごの形や大きさはかわりません。

答 Ⓑ

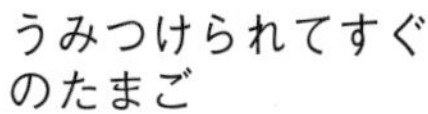

うみつけられてすぐのたまご

4日目ごろのたまご

4 考えよう

モンシロチョウのたまごから，どんな虫が出てくるでしょうか。

正しいのは？

- Ⓐ チョウ(モンシロチョウ)が出てくる。
- Ⓑ 黄色の毛虫が出てくる。
- Ⓒ 緑色の毛虫が出てくる。

観察 モンシロチョウのたまごからどんな虫が出てくるか，虫めがねで見ます。

● うみつけられて４～６日もすると，たまごのからの上のほうをくいやぶって，中から**よう虫**(子ども)が出てきます。

● 出てきたばかりのよう虫は，

① 大きさは，1.5～２mmくらいです。

② 色は黄色で，すきとおって見えます。

③ からだじゅうに，白っぽくて長い毛がたくさんはえています。

答 Ⓑ

たまごから出るモンシロチョウのよう虫

たいせつポイント

モンシロチョウのたまご
- キャベツの葉のうらにうみつけられる。
- 大きさは１mmくらいでうすい黄色。

モンシロチョウのよう虫の育ち方

1 考えよう

モンシロチョウのよう虫は，たまごから出てすぐ何をしますか。

正しいのは？

A ほかの虫を食べる。
B キャベツの葉を食べる。
C たまごのからをたべる。

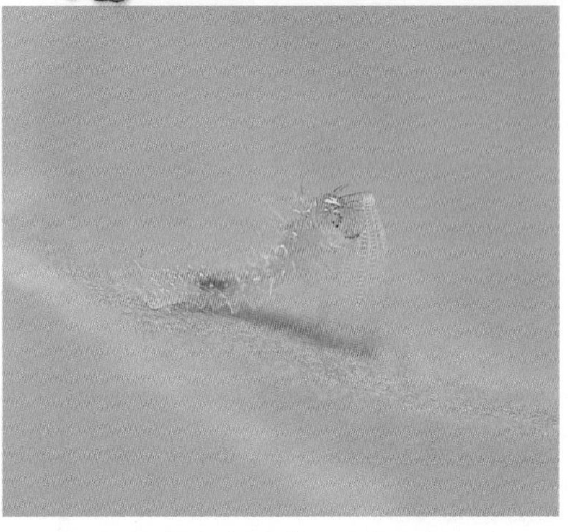

たまごのからを食べるよう虫

観察 たまごから出てすぐのよう虫が何をするか，注意して見ましょう。

- モンシロチョウのよう虫は，たまごから出るとすぐに，自分がはいっていたたまごのからを食べます。
- このころのよう虫のからだの色は，黄色のままです。
- モンシロチョウのよう虫のことを青虫といいます。

答 C

2 考えよう

モンシロチョウのよう虫は，何を食べて大きくなるのでしょうか。

正しいのは？

A 花のみつをすう。
B ほかの虫を食べる。
C キャベツの葉を食べる。

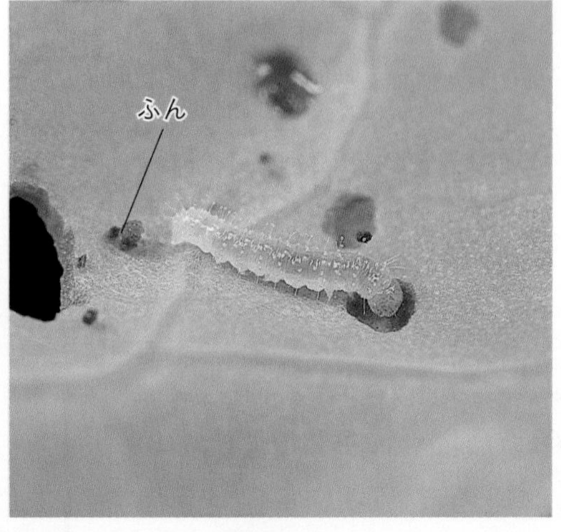

キャベツの葉を食べるよう虫

観察 モンシロチョウのよう虫は，たまごのからを食べたあと，何を食べるか見てみましょう。

- モンシロチョウのよう虫は，たまごのからを食べてしまうと，**キャベツの葉**を食べはじめます。そして，よう虫の間は，キャベツの葉を食べて大きくなります。
- キャベツの葉を食べるようになると，からだの色が緑色になります。

答 C

3 考えよう　モンシロチョウのよう虫をかうときは，どのようにしますか。

正しいのは？
- A よう虫だけ入れ物に入れる。
- B キャベツの葉ごと入れ物に入れる。
- C 入れ物に入れて，みつをやる。

● モンシロチョウのたまごやよう虫は，キャベツの葉ごともちかえって，次のようにしてかいます。

① キャベツの葉はかれないようにし，毎日，新しい葉を入れたべつの入れ物にうつす。
② よう虫をうつすときは，手でさわらず，葉につけたままうつす。
③ よう虫を入れた入れ物は，日光がちょくせつ当たらない所におく。　　答 B

モンシロチョウのよう虫のかい方

切り口をぬれた紙でつつみ，アルミニウムはくでくるんでおくと，キャベツの葉がかれにくい。

あなをあけておく

よう虫

イチゴパック

キャベツの葉

紙をしいておくと，そうじをするときにべんり。

クリップではさむ

4 考えよう　モンシロチョウのよう虫は，どのように大きくなっていくでしょうか。

正しいのは？
- A 皮をぬいで大きくなっていく。
- B 皮がのびて大きくなっていく。
- C だんだんチョウの形にかわっていく。

● うまれてすぐのころのよう虫の大きさは2mmくらいですが，よう虫は毎日少しずつ大きくなっていきます。

● しかし，よう虫の皮ふは，からだが大きくなるのにあわせてのびることはできません。

● そこで，からだが大きくなるのにあわせて，ときどき皮をぬいで新しい皮ふとかえます。これをだっ皮といいます。　　答 A

モンシロチョウのよう虫のだっ皮

たいせつポイント　モンシロチョウのよう虫 ｛ はじめにたまごのからを食べる。 だっ皮して大きくなる。

5 考えよう モンシロチョウは，よう虫の間に何回だっ皮をするでしょうか。

正しいのは？

Ⓐ 何回でもだっ皮する。

Ⓑ １回しかだっ皮しない。

Ⓒ ４回だっ皮する。

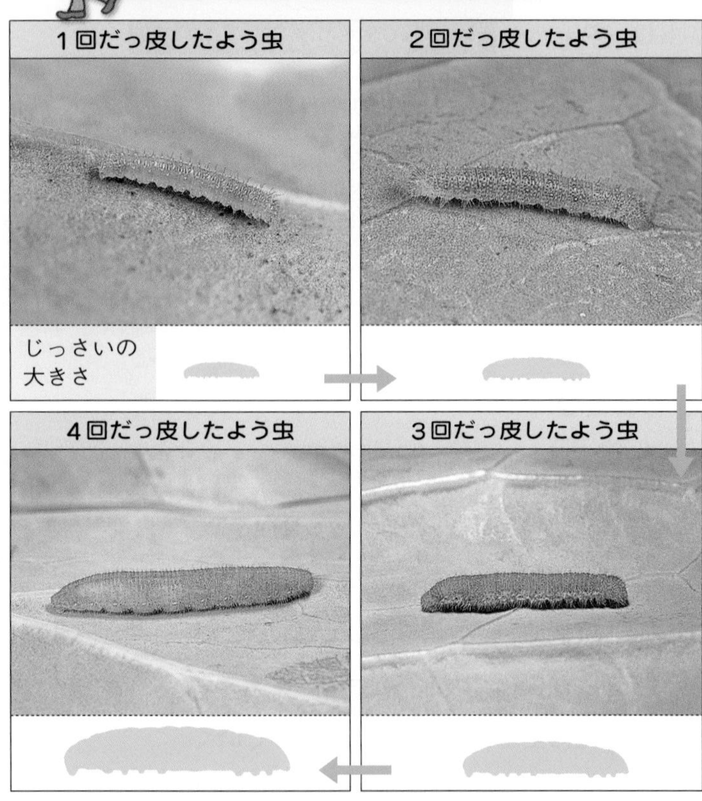

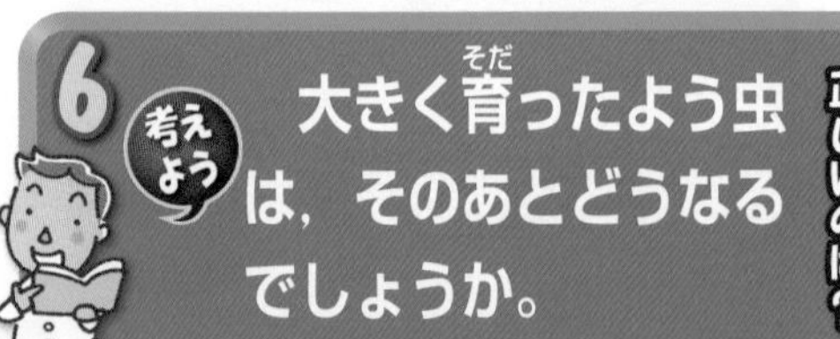

● モンシロチョウのよう虫は，うまれてから３～５日で１回目の**だっ皮**をします。このころのよう虫の大きさは，１cmくらいです。

● その後も，よう虫のからだはどんどん大きくなり，**だっ皮をくりかえして**育ちます。

● しかし，よう虫の間にだっ皮をする回数は，決まっていて，**４回**だっ皮をすると，もうしません。このころのよう虫の大きさは３cmくらいで，これいじょう大きくなりません。

答 Ⓒ

6 考えよう 大きく育ったよう虫は，そのあとどうなるでしょうか。

正しいのは？

Ⓐ まもなく，中からチョウが出てくる。

Ⓑ よう虫のままで赤茶色になる。

Ⓒ さなぎになる。

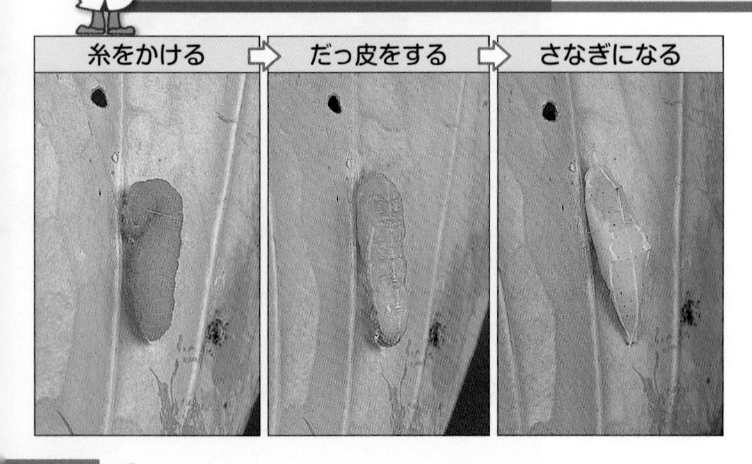

● ４回だっ皮をしたよう虫は，やがて，**からだに糸をかけ，動かなくなります。**

● そして，さいごのだっ皮をして**さなぎ**になります。

● さなぎになると，**えさは食べません。**

答 Ⓒ

7 考えよう

さなぎは，そのあと，どのようになるのでしょうか。

正しいのは？

A そのまま死んでいく。
B 皮がやぶれて，チョウが出てくる。
C 皮がやぶれて，よう虫が出てくる。

観察 モンシロチョウのよう虫がさなぎになってからもかんさつをつづけましょう。

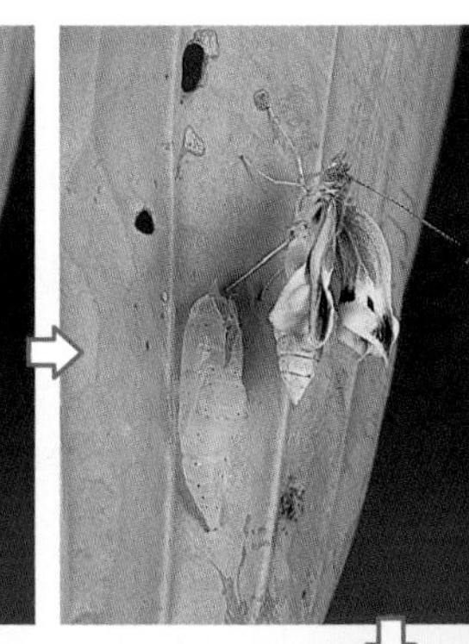

● **モンシロチョウのさなぎ**は，

① 食べ物を食べずに，動きませんが，死んでいるわけではありません。

② さなぎの色は，**さなぎになるまわりの場所の色に近い色**になり，キャベツの葉についてさなぎになると緑色になります。

③ さなぎになって10日くらいたつと，さなぎの色が白っぽくなり，**中のはねの色がすけて見える**ようになります。

④ そして，さなぎになってから10日～15日くらいたつと，さなぎのからをやぶって，中から**せい虫**(チョウ)が出てきます。

⑤ せい虫が出てくるときは，さなぎの頭の部分の皮がたてにさけ，はじめに頭，つづいてむねやあしが出てきます。

⑥ 出てきたときのはねはちぢんでいますが，1時間もすると，ぴんとのびます。

● これまでかんさつしてきたように，モンシロチョウは，**たまご→よう虫(青虫)→さなぎ→せい虫(チョウ)**のじゅんに育っていきます。

答 B

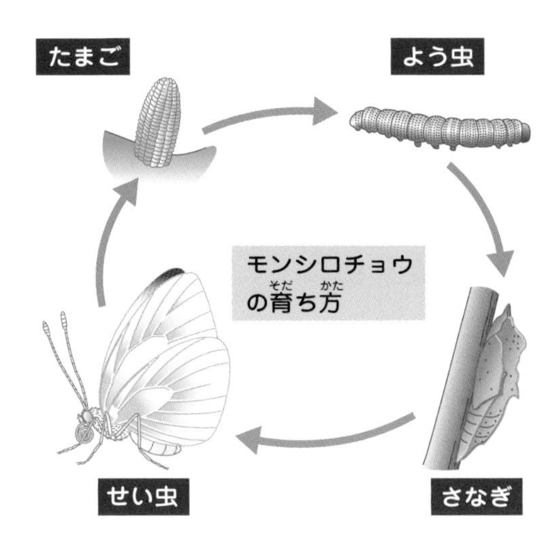

たいせつポイント

モンシロチョウ { さなぎになると何も食べず，動かない。
たまご→よう虫→さなぎ→せい虫へと育つ。 }

教科書のドリル

答え → 別さつ4ページ

1 モンシロチョウについて，次の問いに答えなさい。

(1) モンシロチョウがキャベツ畑にくるのは，何をするためですか。次のア～ウの中から正しいものを1つえらび，記号を書きなさい。

(　　)

ア　ねる場所をさがしにきた。
イ　花のみつをさがしにきた。
ウ　たまごをうみつけにきた。

(2) モンシロチョウのたまごは，次のア～ウのうちのどれですか。1つえらびなさい。　(　　)

ア　イ　ウ

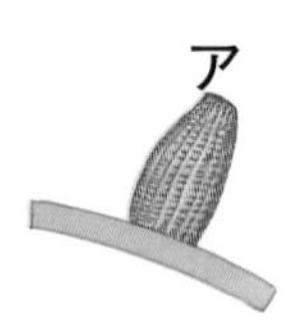

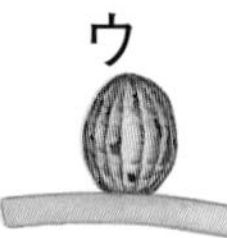

2 次の文の(　)の中にあてはまることばを書き入れなさい。

(1) モンシロチョウのよう虫は，たまごから出るとすぐに，(　　　　)を食べる。

(2) モンシロチョウのよう虫は，たまごから出てすぐは(　　　　)色をしているが，(　　　　)の葉を食べるようになると，(　　　　)色になる。

(3) モンシロチョウのよう虫のことを(　　　　)という。

3 モンシロチョウのかい方について，次のうち，正しいものには○を，まちがっているものには×を書きなさい。

(1) たまごやよう虫は，葉からはなしてもちかえる。　(　　)

(2) キャベツの葉は，毎日新しいものと入れかえる。　(　　)

(3) 入れ物は，日光がちょくせつ当たるあたたかい所におく。　(　　)

4 モンシロチョウの育ち方について，次の問いに答えなさい。

(1) モンシロチョウのよう虫は，からだが大きくなるとき，何をしますか。

(　　　　)

(2) モンシロチョウのよう虫は，よう虫の間に，上の(1)で答えたことを何回しますか。　(　　　回)

(3) よう虫は，せい虫になる前に，右の図のようになります。これを何といいますか。(　　　　)

(4) 上の図のとき，えさを食べますか。

(　　　　)

(5) せい虫が出てくるとき，頭とはらのどちらが先に出ますか。

(　　)

3 アゲハの育ち方

1 考えよう アゲハは，どんな所にたまごをうみつけるでしょうか。

正しいのは？
Ⓐ カラタチやミカンの葉。
Ⓑ キャベツやアブラナの葉。
Ⓒ タンポポやナズナの葉。

● アゲハのたまごはカラタチやミカン，サンショウなどの葉にうみつけられます。

● アゲハのよう虫は，これらの葉をえさにして育ちます。

答 Ⓐ

もっとくわしく **食草**…チョウやガのなかまのよう虫が食べる植物のことを，食草といいます。チョウやガのしゅるいによって食草は決まっていて，食草でないものは食べません。

カラタチ

ミカン

2 考えよう アゲハのたまごは，どんな形で，どんな色をしているでしょうか。

正しいのは？
Ⓐ トウモロコシの実のような形で，黄色。
Ⓑ 円ばんのような形で，赤色。
Ⓒ まん丸で，黄色。

観察 アゲハが止まっていたカラタチやミカンの葉を，よく見てみましょう。

● アゲハのたまごは，

① まん丸で，大きさは1mmくらいです。

② うみつけられたときはうすい黄色ですが，日がたつにつれてだいだい色になります。

③ 1こずつうみつけられます。

答 Ⓒ

もっとくわしく **アゲハのさんらん**…アゲハは，カラタチなどの葉にくると，あしをかけて，はねをはげしくふるわせてバランスをとりながら，おしりの先をチョンチョンと葉に当て，たまごをうみます。

たまごをうんでいるアゲハ

アゲハのたまご

3 考えよう アゲハのよう虫も，だっ皮をして大きくなるのでしょうか。

正しいのは？

- Ⓐ 1回だけだっ皮をする。
- Ⓑ 4回だっ皮をして，大きくなる。
- Ⓒ だっ皮をしないで，大きくなる。

アゲハのよう虫の育ち方

たまごのからを食べるよう虫

2回だっ皮したよう虫

4回だっ皮したよう虫

● **アゲハのよう虫**は，合計**4回のだっ皮**をして，だんだん大きくなります。

① たまごからかえったばかりのよう虫は，**黒っぽい毛虫**で，かえるとすぐに，まず，それまで自分がはいっていた**たまごのからを食べます。**

② 1回めのだっ皮をしてから4回めのだっ皮をするまでのよう虫は，どれも**鳥のふんによくにています。**アゲハのよう虫は，昼間はじっとして動かないので，てき（人や鳥）の目をごまかすことができます。

③ 4回めのだっ皮をおえたよう虫は，それまでとはちがって，きれいな**緑色**にかわります。そしてどんどん食草を食べ，からだの大きさが4～5cmにもなります。

④ よう虫は，むねにある，**目玉のようなもよう**や，**くさいにおい**とともに出す**つの**で，てきをおどかします。

答 Ⓑ

知っておくとよいことばと，その意味

ふ化 ― たまごからよう虫が出てくること。

よう化 ― さなぎになること。

う化 ― さなぎからせい虫が出てくること。

1れいよう虫 ― ふ化したばかりのよう虫のこと。以下，だっ皮するごとに**2れい**，**3れい**，……といい，最後のだっ皮を終えたものを**終れいよう虫**という。

4 考えよう アゲハのよう虫は，そのあと，どのように育つでしょうか。

正しいのは？

Ⓐ よう虫からせい虫(チョウ)が出てくる。
Ⓑ さなぎになってから，せい虫になる。
Ⓒ さなぎになるときもならないときもある。

観察 アゲハのよう虫をかい，どのようにかわっていくか，調べてみましょう。

さなぎになる直前

さなぎになってすぐ

① 4回めのだっ皮をして10日ほどすると，動きまわってさなぎになる場所を決めます。
② そして，からだに糸をかけ，もう1回だっ皮をして**さなぎ**になります。
③ さなぎの皮をとおしてもようが見えるころになると，やがて**う化**がはじまり，さなぎからせい虫が出てきます。
④ う化のようすは，モンシロチョウのときと同じです。

アゲハも，さなぎになると，動かないし，えさも食べないんだよ。

アゲハのう化

● これまで見てきたように，アゲハもモンシロチョウと同じで，**たまご→よう虫→さなぎ→せい虫(チョウ)**のじゅんに育っていきます。

チョウの育ち方はどれも同じなんだ。

答 Ⓑ

たいせつポイント

アゲハ
- カラタチやミカンの葉にたまごをうむ。
- たまご→よう虫→さなぎ→せい虫のじゅんに育つ。

4 チョウのからだのつくり

1 考えよう

チョウのあしは，からだのどこに何本ついているでしょうか。

正しいのは？

A むねに６本ついている。
B むねに４本ついている。
C むねに４本，はらに２本ついている。

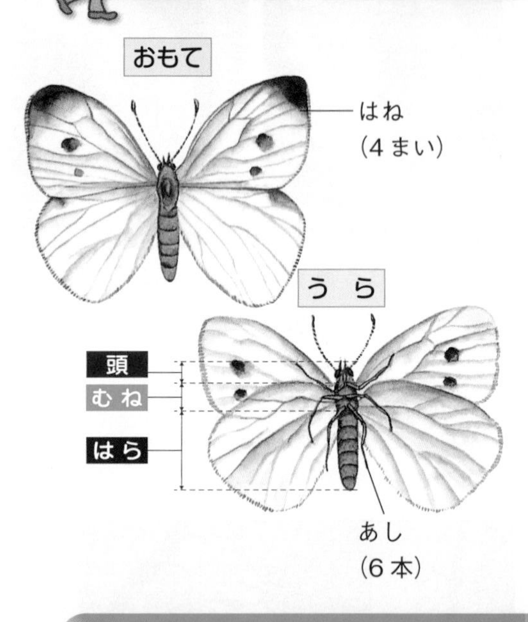

● モンシロチョウやアゲハのからだは，**頭・むね・はら**の３つの部分に分かれています。

● チョウの頭の部分には，**目**や**しょっ角**があり，わたしたちの目などと同じように，まわりのようすを感じとっています。

● また，チョウのむねの部分には，**あし**と**はね**がついています。あしは６本で，はねは４まいです。

● なお，はらやあしには**ふし**があり，曲がるようになっています。

答 A

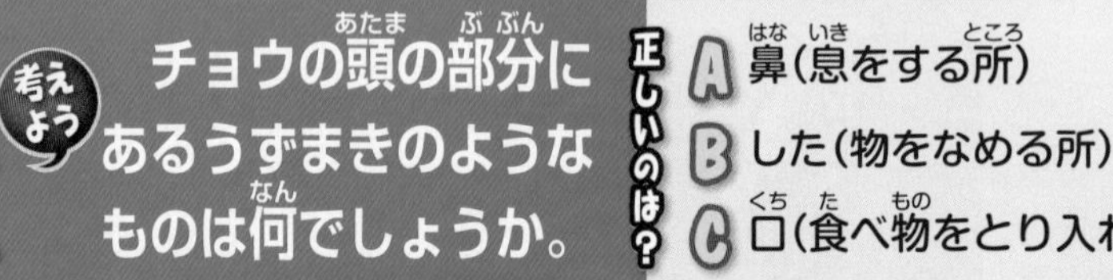

2 考えよう

チョウの頭の部分にあるうずまきのようなものは何でしょうか。

正しいのは？

A 鼻（息をする所）
B した（物をなめる所）
C 口（食べ物をとり入れる所）

● チョウの頭の部分についているうずまきのようなものは，チョウの**口**です。

● チョウの口は，ふだんはまいていますが，花にくるとストローのように長くのばして，花のみつをすいます。そして，すいおわると，またうずをまきます。

答 C

たいせつポイント

チョウ
- 頭・むね・はらの３つの部分に分かれている。
- ６本のあしがむねについている。

教科書のドリル

答え → 別さつ4ページ

1 アゲハのたまごについて，次の問いに答えなさい。

(1) アゲハは，何という植物の葉にたまごをうみつけますか。次の中から，正しいものを２つえらびなさい。

(　　)(　　)

ア　カラタチ　　イ　キャベツ

ウ　アブラナ　　エ　ミカン

(2) アゲハのたまごは，次のア〜ウのうちのどれですか。 (　　)

ア 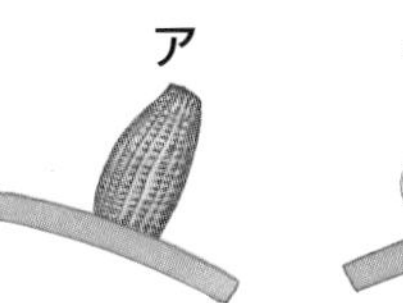

イ 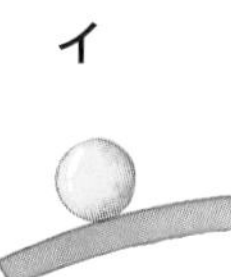

ウ 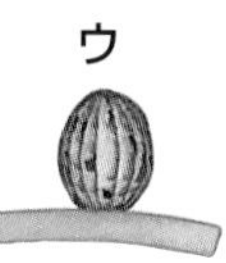

(3) アゲハのたまごの大きさはどれくらいですか。次の中から，１つえらびなさい。 (　　)

ア　1 mm (ミリメートル)　　イ　5 mm

ウ　1 cm (センチメートル)

2 次の文の(　)にあてはまることばを書き入れなさい。

(1) アゲハのよう虫は，たまごから出てすぐに(　　　　)を食べる。

(2) アゲハのよう虫は，たまごから出てすぐは(　　　　)っぽい色をしているが，(　　　　)回だっ皮をすると(　　　　)色になる。

(3) アゲハのよう虫は，(　　　　)になってから，せい虫になる。

3 アゲハの育ち方について，次の問いに答えなさい。

(1) さなぎになる前のアゲハのよう虫は，次のア，イのうちのどちらですか。

(　　)

ア 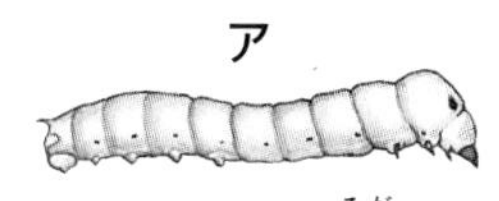

イ 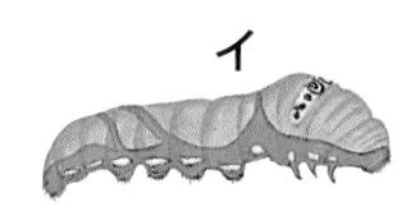

(2) アゲハの育つじゅんで，正しいものはどれですか。次のア〜ウから1つえらびなさい。 (　　)

ア　たまご→よう虫→せい虫

イ　よう虫→さなぎ→たまご

ウ　たまご→よう虫→さなぎ→せい虫

4 次の図は，モンシロチョウのからだのつくりをかいたものです。あとの問いに答えなさい。

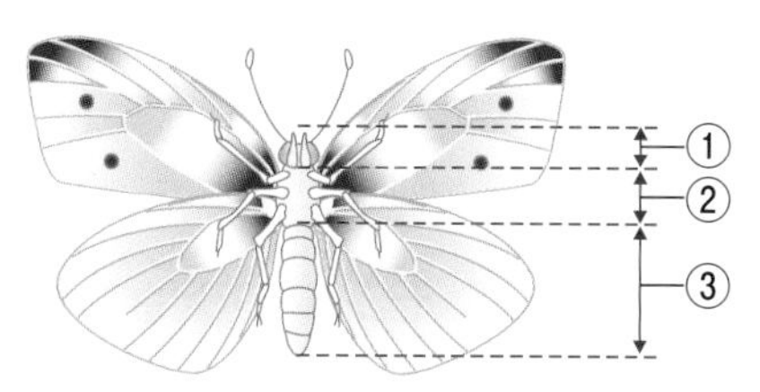

(1) 図の①，②，③の部分を何といいますか。

①(　　　　)　②(　　　　)

③(　　　　)

(2) あしやはねがついているのは，図の①，②，③のうちのどの部分ですか。

(　　)

テストに出る問題

答え → 別さつ5ページ
時間30分　合格点80点　とく点 ／100

1 右の写真は，ある虫のよう虫です。この虫について，次のそれぞれの問いに答えなさい。
［5点ずつ…合計25点］

(1) 何という虫のよう虫ですか。せい虫の名前を書きなさい。 〔　　　〕

(2) このよう虫が大きくなるためには，どんなことをくり返しますか。次の中から，正しいものを1つえらびなさい。 〔　　　〕

ア　さんらん　　イ　冬みん　　ウ　だっ皮　　エ　ふ化

(3) このよう虫は，何の葉を食べて育ちますか。1つえらびなさい。 〔　　　〕

ア　サクラ　　イ　タンポポ　　ウ　カラタチ　　エ　キャベツ

(4) このよう虫がさなぎになるときのじゅんじょとして正しいものを，次の中から1つえらびなさい。 〔　　　〕

ア　動かなくなる→だっ皮をする→からだに糸をかける→さなぎになる
イ　だっ皮をする→動かなくなる→からだに糸をかける→さなぎになる
ウ　からだに糸をかける→動かなくなる→だっ皮をする→さなぎになる

(5) このよう虫がせい虫になると，何を食べますか。次の中から，正しいものを1つえらびなさい。 〔　　　〕

ア　木のしる　　イ　花のみつ　　ウ　ほかの虫　　エ　草の葉

2 次の文は，モンシロチョウのことについて書いたものです。正しいものには○を，まちがっているものには×を書きなさい。
［4点ずつ…合計28点］

① モンシロチョウのよう虫のことを青虫という。 〔　　　〕
② よう虫は，たまごから出ると，すぐにえさとなる葉を食べる。 〔　　　〕
③ よう虫はだっ皮をしながら育つ。 〔　　　〕
④ よう虫の間，からだの大きさはかわらない。 〔　　　〕
⑤ さなぎは，えさを食べる。 〔　　　〕
⑥ さなぎは，動きまわる。 〔　　　〕
⑦ たまご→よう虫→さなぎ→せい虫のじゅんに育っていく。 〔　　　〕

3 アゲハは，たまご→よう虫→さなぎ→せい虫のじゅんに育ちます。このことについて，次の問いに答えなさい。 ［合計15点］

(1) 次の図は，いろいろなこん虫のたまご・よう虫・さなぎをかいたものです。アゲハにあてはまるものをえらび，•——• でむすびなさい。 ［10点］

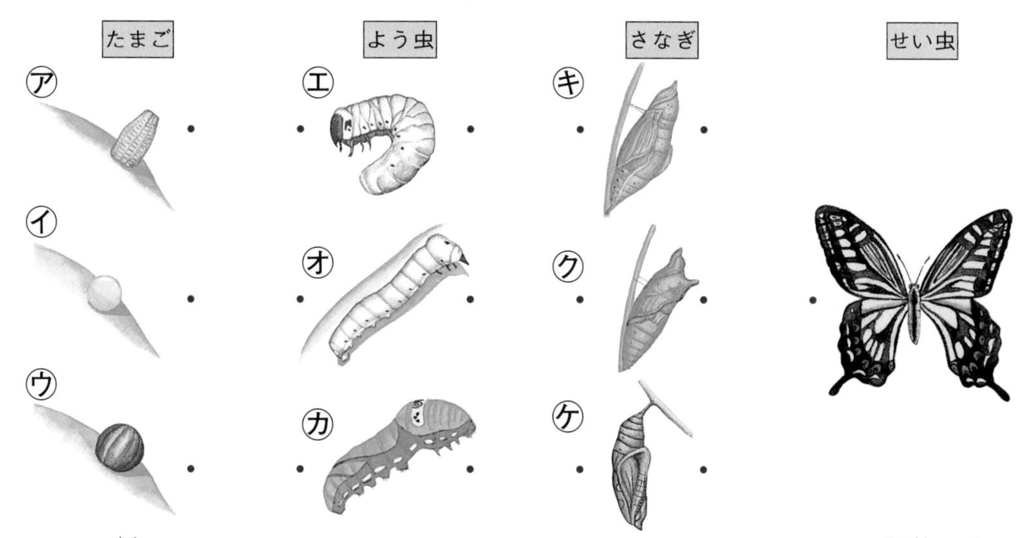

(2) 次の中から，アゲハのよう虫のえさとなるものを１つえらび，記号を書きなさい。 ［5点］〔　　〕

ア　カラタチ　　イ　アブラナ　　ウ　スミレ　　エ　ヒマワリ

4 右の図は，モンシロチョウのせい虫のからだの半分をかいたものです。この図について，次の問いに答えなさい。 ［４点ずつ…合計32点］

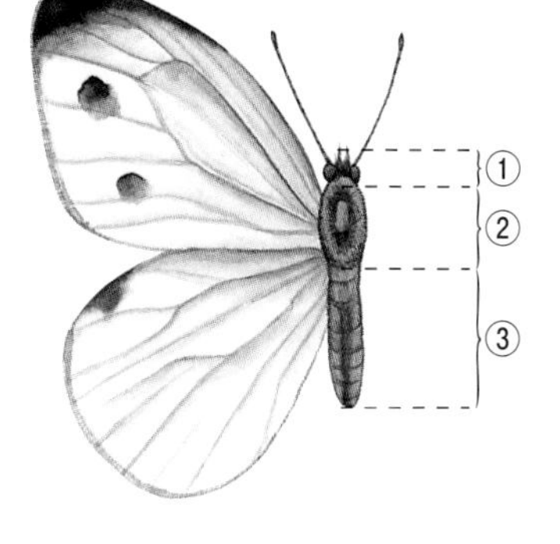

(1) 右の図の①，②，③でしめした部分の名前を書きなさい。

①〔　　〕

②〔　　〕

③〔　　〕

(2) モンシロチョウのせい虫のあしは，何本ですか。 〔　　本〕

(3) モンシロチョウのせい虫のはねとあしは，それぞれからだの何という部分についていますか。 はね〔　　〕 あし〔　　〕

(4) 人の目などのように，まわりのようすを感じとるのは，図の①にある何という部分ですか。２つ書きなさい。 〔　　〕〔　　〕

春のモンシロチョウはどこからきたの?

▶春になると，野原やキャベツ畑にたくさんのモンシロチョウがきます。このモンシロチョウはどこからきたのでしょうか。冬の間はどうしていたのでしょうか。

▶実は，このモンシロチョウは，寒い冬の間はさなぎでいたのです。前の年の秋にうみつけられたたまごは，さなぎにまで育って，そのまま冬をこします。

▶そして，春になってあたたかくなると，からをやぶって中からせい虫が出てきて，野原やキャベツ畑をとびまわるのです。

モンシロチョウの一日

▶モンシロチョウは，夜もとびまわっているのでしょうか。いいえ，ちがいます。モンシロチョウがとびまわるのは，昼間のあたたかくて明るいときだけです。

▶モンシロチョウは，空気の温度が20度をこえ，日光がよく当たっているときに，活ぱつにとびまわります。そうでないとき(天気の悪いときや夜)には，草の葉のうらなどに止まって，じっとしています。

▶ただ，空気の温度が高くなりすぎると，葉のうらで休むものが多くなります。天気のよい日の昼間，あまり見られなくなることがあるのは，そのためです。

4 植物のからだを調べよう

教科書のまとめ

★なえを植えかえるときは，土をつけたまま植えかえる。

★植物の根をかんさつするときは，土ごとほりとってから，水であらう。

★なえが育つにつれて，新しい葉の数がふえ，大きくなる。

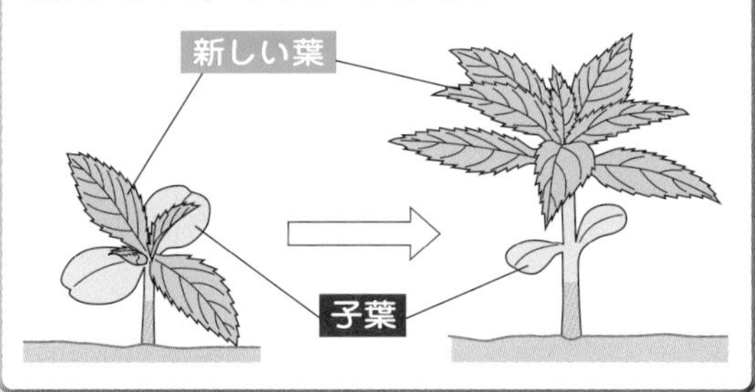

★なえが育つにつれて，子葉はかれて落ちてしまう。

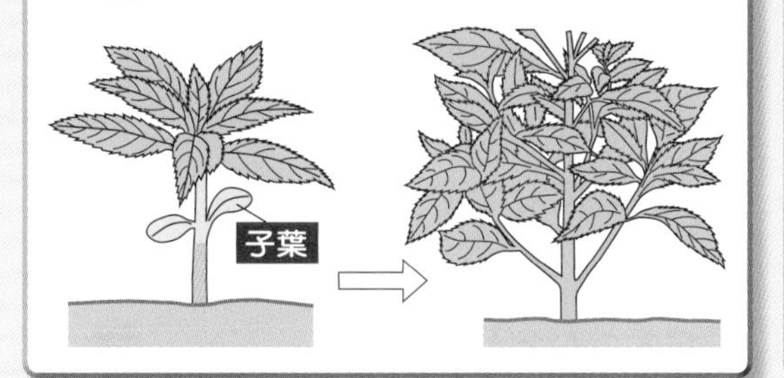

★植物のからだは，根・くき・葉からできている。

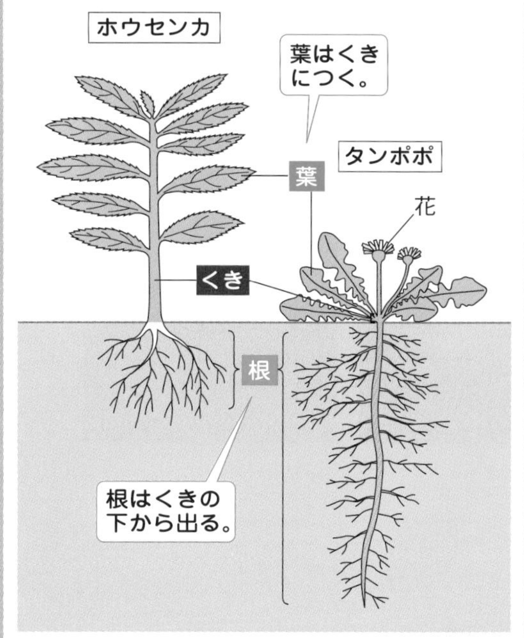

1 植物の育つようす

1 考えよう ビニルポットで育っているなえは，どんなふうに植えかえますか。

正しいのは？

- A 土をよく落としてから，植えかえる。
- B 手でひっこぬいてから，植えかえる。
- C 土をつけたまま，植えかえる。

さかさまにして なえを出す。

土をつけたまま 植えかえる。

● 葉が4～6まいになったら，日当たりのよい花だんやプランターに植えかえます。

① なえを植えかえる前に，土をたがやして，ひりょうを入れます。

② なえを，**土をつけたまま**入れ物から出して，植えかえます。

③ 植えかえたあと水をやります。

答 C

2 考えよう 育つにつれて数がふえるのは，子葉ですか，新しい葉ですか。

正しいのは？

- A 子葉がふえる。
- B 新しい葉がふえる。
- C 子葉と新しい葉のりょうほうがふえる。

ホウセンカ

オクラ

観察 ホウセンカやオクラがどのように育っていくか，調べてみましょう。

● ホウセンカの草たけがのびるにつれて，**葉も大きくなり，葉の数もふえていきます。**

● しかし，大きくなったり，数がふえたりするのは**新しい葉だけ**です。子葉は大きくならず，数も2まいのままです。

● このことは，オクラやヒマワリ，マリーゴールドでも同じです。

● ホウセンカの新しい葉は，細長くて，ふちにぎざぎざがあります。

答 B

3 考えよう ホウセンカが大きく育つと，子葉はどうなるのでしょうか。

正しいのは？

A 大きく育ち，ほかの葉と同じ形になる。
B 新しい子葉がつぎつぎに出てくる。
C かれて落ちてしまう。

● ホウセンカのくきが太くなり，たけが高く育っても，子葉は2まいのままで，大きさもかわりません。

● 子葉には，植物がめを出し，大きくなるためのよう分がはいっています。そして，植物が大きく育つと，子葉の中のよう分もなくなってしまいます。そのため，子葉はかれて，落ちてしまうのです。 答 C

大きく育ってきたホウセンカ

4 考えよう 植物を大きく育てるためには，どんなせわをするとよいでしょう。

正しいのは？

A 日かげに植えかえる。
B 水をたっぷりとやり，ざっ草をぬく。
C のびすぎないように，くきの先を切る。

● 春にたねをまいた植物は，めを出し，くきも少しずつ太くなり，草たけもぐんぐんのびていきます。

● 植物が育つときには，水やひりょうがいります。そこで，土がかわかないように水をやり，ときどきひりょうもあたえます。

● また，まわりのざっ草も大きくなるので，これらをぬきます。ざっ草が大きくなると，植物の日当たりが悪くなるので，育ちが悪くなります。 答 B

たいせつポイント

植物が育っていくと
- 子葉…やがて，かれて落ちてしまう。
- 新しい葉…数がふえ，1まい1まいも大きくなる。

2 植物のからだのつくり

1 考えよう

植物の根をかんさつするときには，どうしたらよいでしょう。

正しいのは？

A 手でひっこぬいて，かんさつする。
B 土ごとほりとり，水であらう。
C 土ごとほりとり，手で土を落とす。

● 植物の根をかんさつするときは，次のようにします。

① 植物を，まわりの**土ごとほりとる。**
② ほりとった植物を，水をくんだバケツに入れ，**土を水でそっとあらって落とす。**
③ バケツから植物をとり出し，水をきってからかんさつする。

● かんさつしたあとは，植物は，花だんにもとのように植えます。

答 B

2 考えよう

ホウセンカの根は，どんな色をしているでしょうか。

正しいのは？

A 白っぽい色をしている。
B 葉と同じ緑色。
C 黒っぽい色をしている。

観察 ホウセンカの根をほりとって，根の色や形をかんさつしましょう。

● **ホウセンカの根**は，白っぽい色をしており，**太い根**を中心に，そこからえだ分かれした**細い根**が，土の中にいっぱい広がっています。

● **オクラやヒマワリ・マリーゴールド**などの根も白っぽい色をしており，ホウセンカの根と同じような形をしています。

答 A

3 考えよう

植物のからだは，どのような部分からできているのでしょうか。

正しいのは？
- A 植物はどれも，根・くき・葉でできている。
- B 植物はどれも，葉・みき・えだでできている。
- C 植物はどれも，根・草・花でできている。

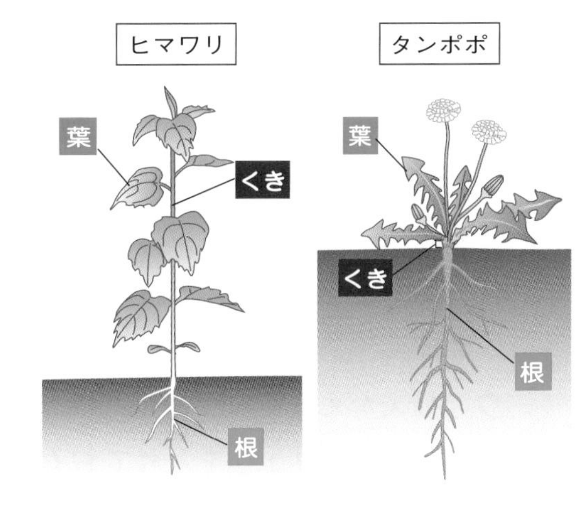

● 植物のからだは，どれも根・くき・葉からできています。しかし，それらの形や大きさは，植物のしゅるいによってちがいます。

● たとえば，ヒマワリのくきは高さが2mいじょうにもなりますが，タンポポのくきは，せいぜい1〜2cmです。

● また，アサガオのくきはつるになっていて，ささえのぼうにまきつきます。

答 A

4 考えよう

植物の葉と根は，どこについているでしょうか。

正しいのは？
- A 葉は根につき，根はくきの横に出る。
- B とくに決まっていない。
- C 葉はくきにつき，根はくきの下から出る。

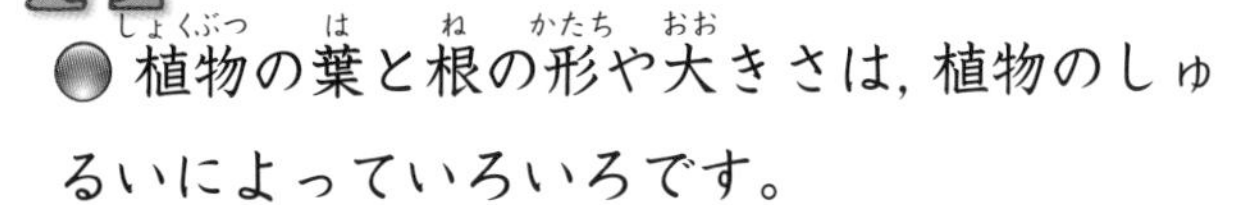

● 植物の葉と根の形や大きさは，植物のしゅるいによっていろいろです。

● しかし，どんな植物でも，葉はくきのまわりにつき，根はくきの下から出ています。

答 C

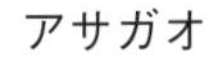

アサガオ

チューリップ

なぜだろう？ 植物の葉は，おたがいができるだけかさならないように，あるきまりにしたがってくきについています。これはなぜでしょう。

答 植物の葉がかさならないようについているのは，1まい1まいの葉ができるだけ日光を受けられるようにするためです。

たいせつポイント
- 植物のからだは，根・くき・葉からできている。
- 根・くき・葉の形や大きさは，植物のしゅるいによってちがう。

教科書のドリル

答え ➜ 別さつ6ページ

1 次の中から，なえを植えかえるとき気をつけることを4つえらんで，記号を書きなさい。

(　　)(　　)
(　　)(　　)

ア　新しい葉が出たら，すぐに植えかえる。

イ　葉が4～6まいのときに，植えかえる。

ウ　植えかえる前に，花だんの土をたがやし，ひりょうを入れておく。

エ　花だんの土は，なるべくしぜんのままになるように，何もしない。

オ　なえは，土ごと植えかえる。

カ　なえについている土は，なるべく落としてから植えかえる。

キ　植えかえたら，水をやる。

2 下の図は，育ってきたホウセンカのようすです。

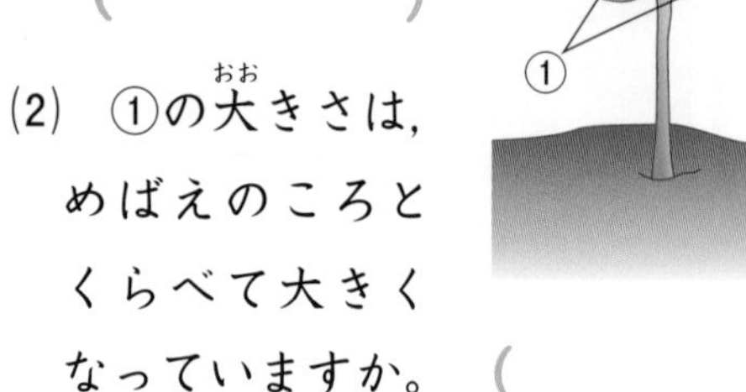

(1)　図の①は，何ですか。
(　　　)

(2)　①の大きさは，めばえのころとくらべて大きくなっていますか。　(　　　)

(3)　①と②の数は，このあとふえますか，ふえませんか。　①(　　　)
②(　　　)

3 植物の根をかんさつするとき気をつけることを2つえらび，記号を書きなさい。　(　　)(　　)

ア　まわりの土ごとほりとる。

イ　手でゆっくりと引きぬく。

ウ　根についた土は，手ではらって落とす。

エ　根についた土は，水でそっとあらい落とす。

4 次の図は，ホウセンカのからだのつくりをしめしたものです。

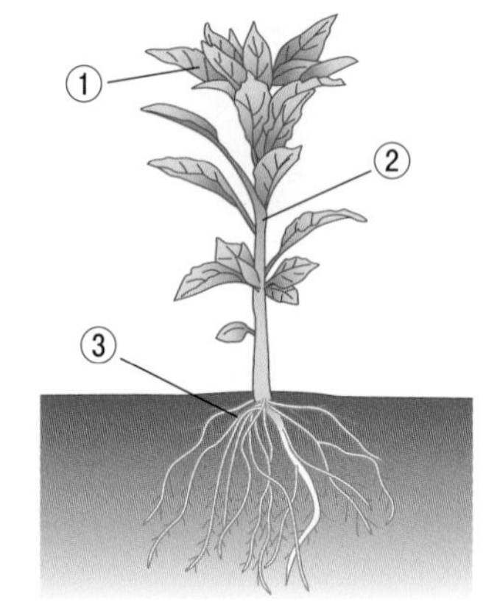

(1)　図の①～③の部分を，何といいますか。
①(　　　)　②(　　　)
③(　　　)

(2)　アサガオにも，上の図の①～③と同じ部分がありますか。あるものには○を，ないものには×を書きなさい。
①(　　　)　②(　　　)
③(　　　)

テストに出る問題

答え → 別さつ6ページ
時間15分　合格点80点　とく点　／100

1 ホウセンカのからだのつくりについて調べたら，右の図のようになっていました。これについて，次の問いに答えなさい。

［10点ずつ…合計70点］

①〔　　　〕
②〔　　　〕
③〔　　　〕

(1) 右の図の①～③は，根・くき・葉のどこにあたりますか。〔　〕内に書きなさい。

(2) ホウセンカの葉について，正しいものを1つえらびなさい。〔　　　〕

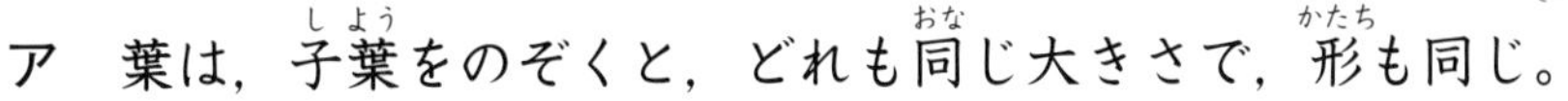

ア　葉は，子葉をのぞくと，どれも同じ大きさで，形も同じ。
イ　葉の大きさはちがうが，子葉をのぞくと，形はよくにている。
ウ　葉の形はちがうが，子葉をのぞくと，大きさはどれも同じ。

(3) 次の文の〔　〕に，あてはまることばを書きなさい。

植物は，どれも，くきとそのまわりにつく〔　　　　　〕と，くきの下から出る〔　　　　　〕の3つの部分からできている。

(4) ホウセンカを上から見たようすを，1つえらびなさい。〔　　　〕

ア

イ
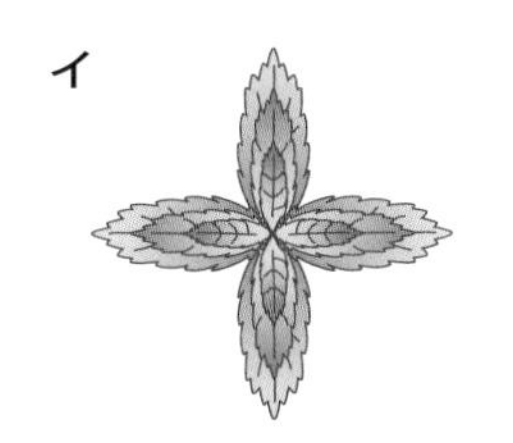

ウ
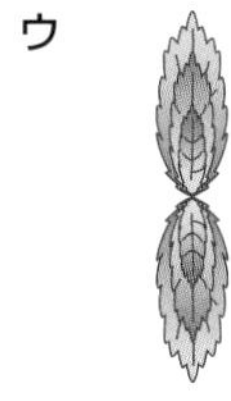

2 下の図は，植物の葉のつき方をかいたものです。①～③の植物の名前を，次の中からえらびなさい。

［10点ずつ…合計30点］

①〔　　　　　〕②〔　　　　　〕③〔　　　　　〕

オクラ　　ヒマワリ　　マリーゴールド　　アサガオ

①

②

③

なるほど科学館

どうして子葉が先に出るのか

▶植物のめが出るときに先に出る子葉は，そのあとふえるわけではありません。

▶子葉には，植物がめを出し，大きくなるときのよう分が入っています。それだけだったら，子葉が先に出なくてもよさそうです。それでは，どうして子葉が先に出るのでしょうか。

▶子葉の間には新しい葉があります。この葉は，子葉にはさまれていることで，めが出るときに土に当たらずに出ることができます。

▶つまり，子葉は，めが出るとき，葉がきずつかないように守るはたらきもしているのです。

根・くき・葉のはたらき

▶植物のからだは，根・くき・葉に分かれます。草でも木でも同じです。

▶根・くき・葉には，それぞれ，次のようなはたらきがあります。

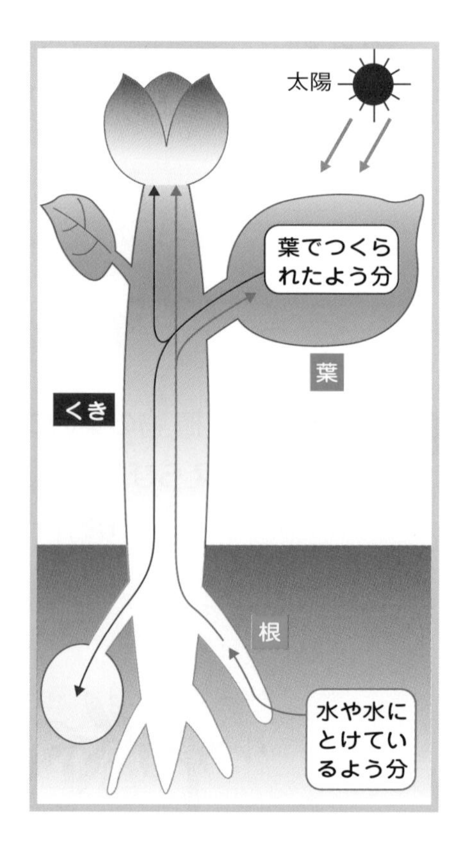

①根のはたらき…植物のからだがたおれないようにささえる。また，土の中から，水や水にとけたよう分をとり入れる。

②葉のはたらき…日光を受けてよう分をつくる。水を外に出したり，こきゅうをしたりする。花は葉のなかまで，たねをつくる(→61ページ)。

③くきのはたらき…根からとり入れた水やよう分と，葉でつくられたよう分を運ぶ通り道となる。また，植物のからだをしっかりとささえる。

5 こん虫を調べよう

教科書のまとめ

★ こん虫のからだは，頭(あたま)・むね・はらの3つに分(わ)かれ，6本のあしがむねにつく。はねがないものもいる。

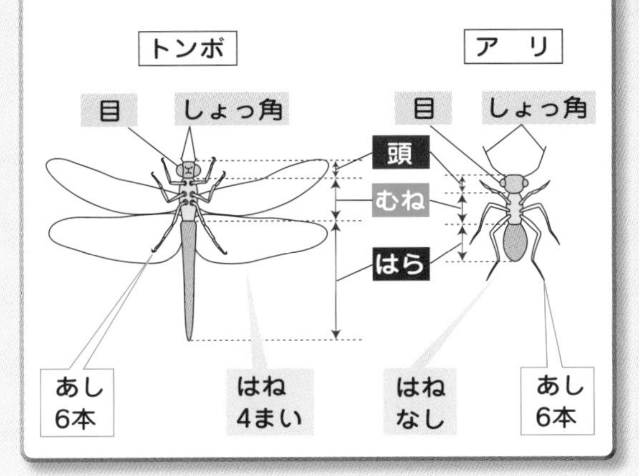

★ チョウは，たまご→よう虫→さなぎ→せい虫のじゅんに育(そだ)つ。

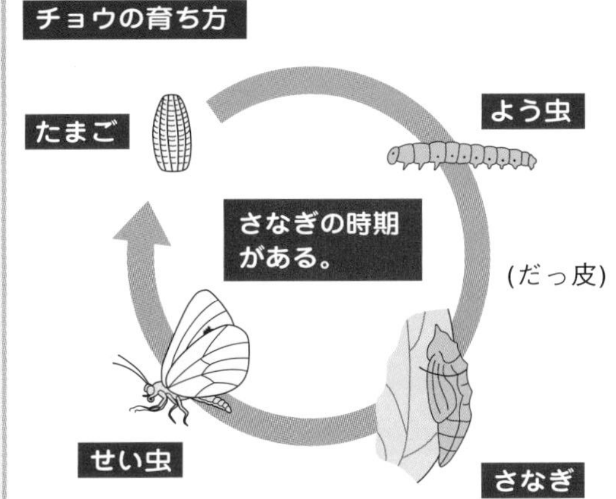

★ トンボやバッタは，たまご→よう虫→せい虫のじゅんに育(そだ)つ。

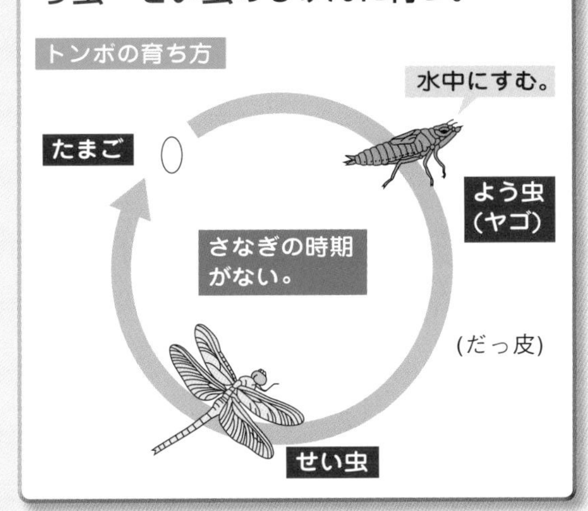

★ 多(おお)くのこん虫は，植物(しょくぶつ)を食(た)べて，そこにすんでいる。

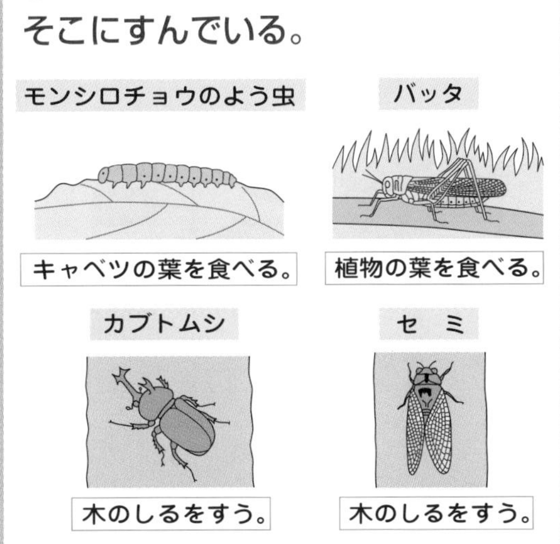

1 こん虫のからだのつくり

1 考えよう

チョウのからだのつくりは，どうなっているでしょうか。

正しいのは？

A 2つの部分に分かれ，あしは8本。
B 3つの部分に分かれ，あしは4本。
C 3つの部分に分かれ，あしは6本。

チョウ（モンシロチョウ）のからだのつくり

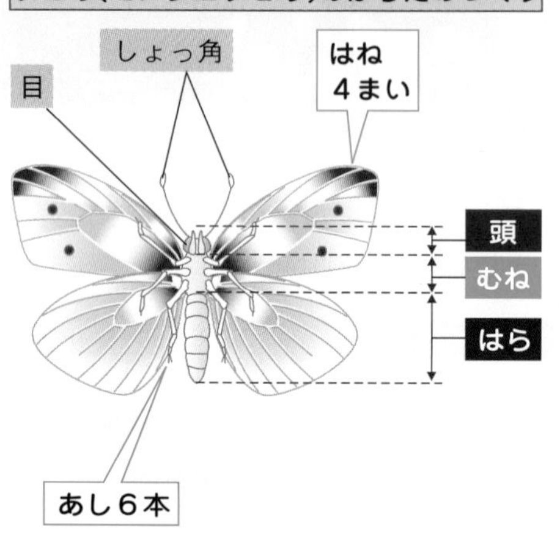

● **チョウ**のからだは，

① **頭・むね・はら**の3つの部分に分かれています。

② **むね**には，**6本のあし**と**4まいのはね**がついています。

● チョウのように，からだが**頭・むね・はらの3つの部分**に分かれ，**むねに6本のあし**がついている虫を**こん虫**といいます。

答 C

2 考えよう

トンボのからだのつくりは，どうなっているでしょうか。

正しいのは？

A 3つの部分に分かれ，あしは4本。
B 3つの部分に分かれ，あしは6本。
C 2つの部分に分かれ，あしは6本。

トンボ（シオカラトンボ）のからだのつくり

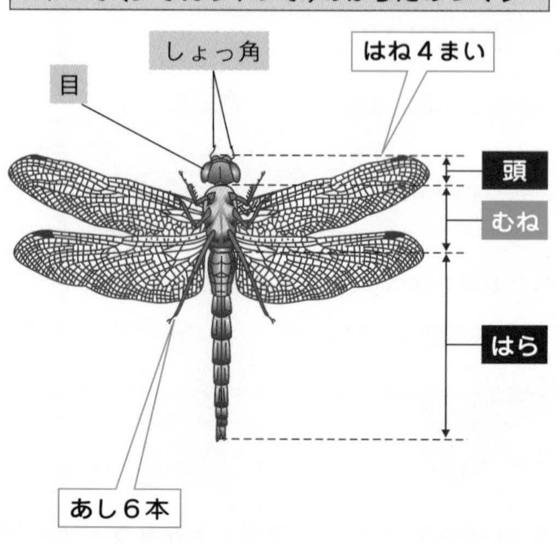

観察 トンボのからだのつくりを調べて，チョウとくらべてみましょう。

● **トンボ**のからだは，

① **頭・むね・はら**の3つの部分に分かれています。

② **6本のあし**と**4まいのはね**があり，すべてむねについています。

● このように，トンボのからだのつくりは，チョウとよくにています。

● **トンボもこん虫**です。

答 B

3 考えよう

バッタのあしは何本あり，からだのどこについているでしょうか。

正しいのは？

- Ⓐ 4本あり，すべてはらについている。
- Ⓑ 6本あり，4本はむね，2本ははら。
- Ⓒ 6本あり，すべてむねについている。

観察 バッタのからだのつくりを調べて，チョウやトンボとくらべてみましょう。

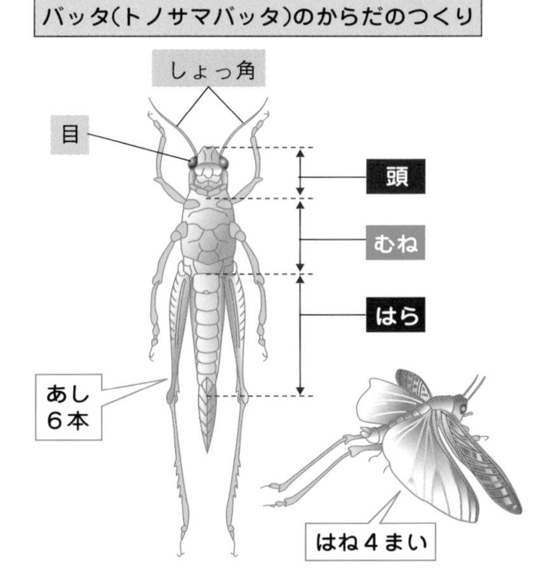

● **バッタ**のからだは，

① **頭・むね・はら**の３つの部分に分かれています。

② **6本のあし**と**4まいのはね**があり，すべてむねについています。

● このように，バッタのからだのつくりは，チョウやトンボとよくにています。

● **バッタもこん虫**です。

4 考えよう

アリも，こん虫のなかまでしょうか。

正しいのは？

- Ⓐ アリもこん虫のなかま。
- Ⓑ はねがないから，こん虫ではない。
- Ⓒ あしが8本あるから，こん虫ではない。

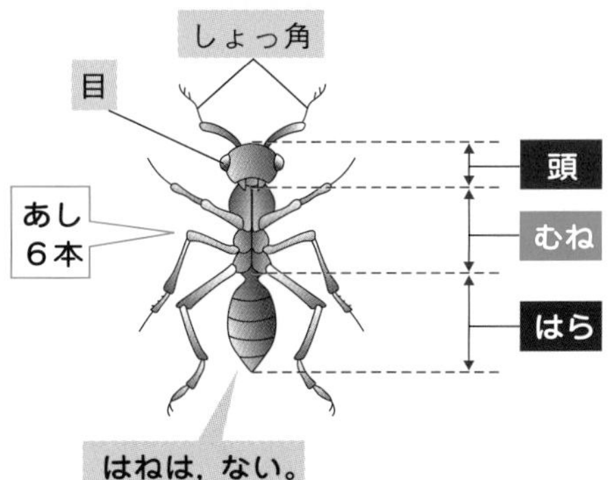

● **アリ**のからだは，

① **頭・むね・はら**の３つの部分に分かれています。

② **6本のあし**がむねについています。アリには，ふつう，**はねはありません。**

● **アリもこん虫**です。こん虫の中には，アリのように，**はねのないなかま**もいます。

たいせつポイント

こん虫
- からだが，頭・むね・はらに分かれ，6本のあしがある。
- アリは，はねがないが，こん虫である。

2 こん虫でない虫

1 考えよう

ダンゴムシはこん虫のなかまでしょうか。

正しいのは？

- Ⓐ ダンゴムシも，こん虫のなかま。
- Ⓑ はねがないけど，こん虫のなかま。
- Ⓒ あしが14本あるから，こん虫ではない。

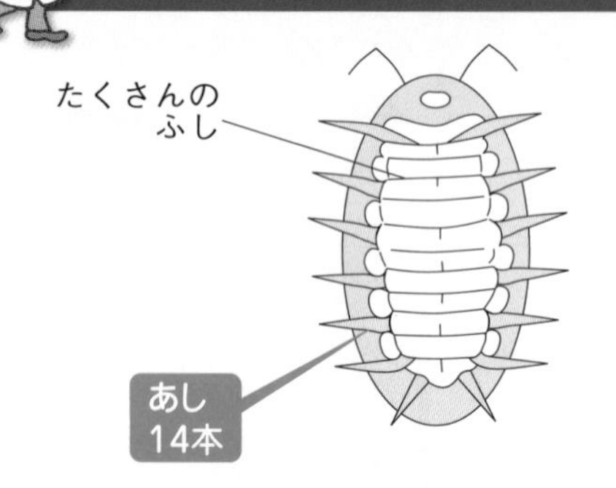

ダンゴムシのからだ

観察 ダンゴムシのからだを，虫めがねなどで調べてみましょう。

● **ダンゴムシ**のからだをくわしく見ると，

① たくさんのふしからできていますが，こん虫のように，**頭・むね・はら**の3つの部分にわけることができません。

② **あしは14本**もあります。

● こん虫のあしは，かならず６本で，ダンゴムシのように，**あしが14本の虫はこん虫ではありません。**

答 Ⓒ

2 考えよう

クモも，こん虫のなかまでしょうか。

正しいのは？

- Ⓐ クモも，こん虫のなかま。
- Ⓑ はねがないけど，こん虫のなかま。
- Ⓒ あしが８本あるから，こん虫ではない。

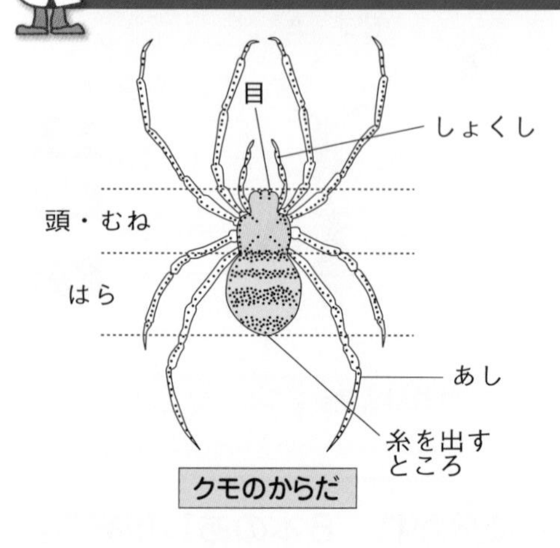

クモのからだ

● **クモ**のからだは，

① 頭とむねが１つになった部分と，はらの部分の２つにわかれています。

② あたまの部分には目があります。また，こん虫のような**しょっ角はありません**が，**しょくし**とよばれる口ひげがあります。

③ **あしは８本**で，頭とむねの１つになった部分についています。

● クモのなかまは，あしが８本ですから，**こん虫ではありません。**

答 Ⓒ

3 こん虫の一生

1

考えよう　シオカラトンボのたまごは，どこにうみつけられるでしょうか。

正しいのは？

- A 水の中。
- B 土の中。
- C 木の中。

たまごをうむシオカラトンボ

- シオカラトンボのたまごは，水中にうみつけられます。
- たまごの大きさは1mmくらいで，長丸い形をしています。
- たまごから出てきたよう虫は，そのまま水中でくらします。

答 A

もっとくわしく　トンボのよう虫はどれも水中でくらしますが，たまごがうみつけられる場所はトンボのしゅるいによってちがい，水べの植物だったり，水中の土の中だったりします。

2

考えよう　トンボのよう虫を水そうでかうとき，よう虫は何びき入れる？

正しいのは？

- A なるべくたくさん入れる。
- B 10ぴきくらい入れる。
- C 1～2ひき入れる。

- トンボのよう虫を育てると，トンボがせい虫になるまでのようすをかんさつできます。
- トンボのよう虫は，次のようにしてかいます。

① 水そうには，土と水を入れ，水草も入れる。また，わりばしなどの木のぼうを1～2本たてておく。

② よう虫をたくさん入れると440も食いしてしまうので，1～2ひき入れる。

③ アカムシやイトミミズなどのえさをあたえる。

答 C

3 考えよう トンボのよう虫は，どのように育っていくのでしょうか。

正しいのは？
- A そのまま少しずつ大きくなる。
- B だっ皮をしながら大きくなる。
- C 大きさは同じまま，太っていく。

シオカラトンボのよう虫

観察 トンボのよう虫を水そうでかい，育ち方を調べましょう。

- トンボのよう虫をヤゴといいます。
- ヤゴは，だっ皮をくりかえしながら少しずつ大きくなります。
- 大きくなると水の中から出て，植物のくきにつかまって(水そうでかっているときは，木のぼう)，じっと動かなくなります。
- そして，しばらくすると，さいごのだっ皮をして，中からせい虫が出てきます。
- トンボのよう虫は，さなぎにはならずに，せい虫になるのです。

答 B

チョウは，さなぎになったね。

4 考えよう バッタのたまごは，どこにうみつけられるのでしょうか。

正しいのは？
- A 草の中。
- B 水の中。
- C 土の中。

たまごをうむトノサマバッタ

たまご

- バッタのたまごは，土の中にうみつけられます。
- トノサマバッタやショウリョウバッタのたまごの大きさは5mmくらいで，細長い形をしています。
- たまごから出てきたよう虫は，地上に出て，草むらの中でくらします。
- ですから，バッタのよう虫をかうときは，水そうに土を入れて植物を植え，土がかわかないようにします。

答 C

5 考えよう バッタのよう虫は，どのように育っていくのでしょうか。

正しいのは？
- Ⓐ さなぎになって，せい虫になる。
- Ⓑ だっ皮をくりかえして，せい虫になる。
- Ⓒ だっ皮しないで大きくなる。

観察 バッタのよう虫を水そうでかい，育ち方を調べましょう。

トノサマバッタのよう虫

- バッタのよう虫は，だっ皮をくりかえしながら，少しずつ大きくなります。
- バッタのよう虫には，短いはねがありますが，とぶことはできません。
- よう虫が大きくなると，さいごのだっ皮をして，中からせい虫が出てきます。せい虫になるとはねが長くなり，とぶことができるようになります。

答 Ⓑ

もっとくわしく これまで見てきたように，こん虫の育ち方には2とおりがあります。1つは，たまご→よう虫→さなぎ→せい虫のじゅんに育つもので，チョウやカブトムシ・クワガタムシなどがこれです。もう1つは，さなぎの時期がなく，たまご→よう虫→せい虫のじゅんに育つもので，トンボ・バッタ・セミ・カマキリなどがこれです。

この2つの育ち方はだいじだよ。

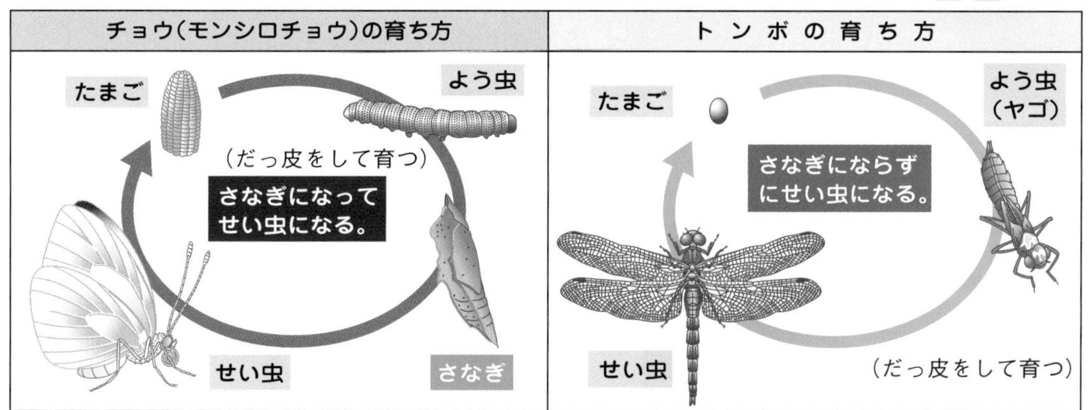

たいせつポイント
- チョウ…たまご→よう虫→さなぎ→せい虫
- トンボ・バッタ…たまご→よう虫→せい虫

4 こん虫のすみかと食べ物

1 考えよう

モンシロチョウのよう虫は，何を食べて，どこにすんでいますか。

正しいのは？

Ⓐ キャベツの葉を食べ，そこにすんでいる。
Ⓑ キャベツの葉を食べ，土の中にいる。
Ⓒ キャベツの葉を食べ，地面にいる。

キャベツの葉を食べるモンシロチョウのよう虫

ダイコン

アブラナ

● キャベツの葉にいるモンシロチョウのよう虫は，

① キャベツの葉を食べて育ちます。

② せい虫になるまで，ほかの植物にうつったりせず，えさにしているキャベツにすんでいます。

● モンシロチョウのよう虫は，ダイコンやアブラナの葉も食べます。

● ダイコンやアブラナの葉を食べるよう虫は，自分が食べているダイコンやアブラナにすんでいます。

答 Ⓐ

2 考えよう

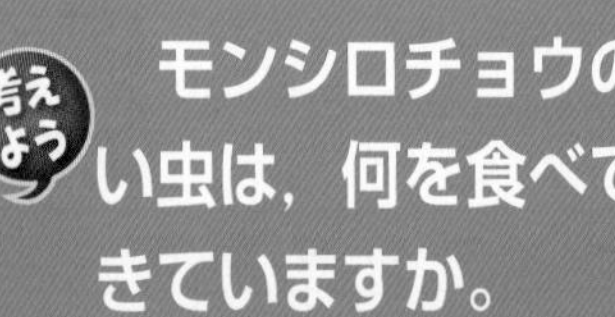

モンシロチョウのせい虫は，何を食べて生きていますか。

正しいのは？

Ⓐ キャベツの葉を食べて生きている。
Ⓑ 花のみつをすって生きている。
Ⓒ 木のしるをすって生きている。

花にきたモンシロチョウ

● モンシロチョウのせい虫は，花のみつをすって生きています。

● モンシロチョウのせい虫が，花のある花だんや野原をとびまわっているのは，花のみつを食べ物としているからです。

● また，モンシロチョウのせい虫が，キャベツ畑やダイコン畑などに多く見られるのは，キャベツやダイコンの葉にたまごをうみつけるためです。

答 Ⓑ

3 考えよう アゲハのせい虫は，何を食べて生きているのでしょう。

正しいのは？

- **A** カラタチの葉を食べて生きている。
- **B** 花のみつをすって生きている。
- **C** 木のしるをすって生きている。

● **アゲハのよう虫**は，カラタチやミカン，サンショウなどの葉を食べて育ちます。そして，せい虫になるまで，えさにしている植物にすんでいます。

● **アゲハのせい虫**は，モンシロチョウのせい虫と同じように，花のみつを食べ物としていて，花から花へとびまわって，花のみつをすっています。

● モンシロチョウやアゲハなど，チョウのなかまは，よう虫とせい虫とで，えさとなる食べ物がちがいます。 **答 B**

アゲハのよう虫

4 考えよう バッタをつかまえるときは，どこをさがせばよいでしょうか。

正しいのは？

- **A** 運動場のような草のない土の上。
- **B** 木のしるが出ている所。
- **C** 草むらの中。

● **バッタ**がいるのは，草むらの**植物の上や植物のかげ**などです。植物がはえていない所や木の上にはいません。

● バッタは，植物がたくさんはえている草むらにすみ，植物の葉を食べて育ちます。

● **バッタ**は，**よう虫の食べ物も，せい虫の食べ物も同じ**です。このことは**コオロギ**についてもいえます。 **答 C**

葉を食べるトノサマバッタのよう虫

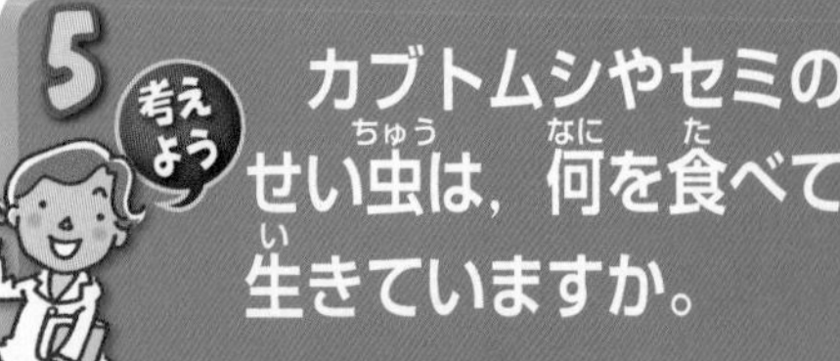

5 考えよう カブトムシやセミのせい虫は，何を食べて生きていますか。

正しいのは？

Ⓐ カブトムシは木のしる，セミは虫。
Ⓑ カブトムシもセミも木のしる。
Ⓒ カブトムシもセミも虫を食べる。

木のしるをなめるカブトムシ

木のしるをすうセミ

● **カブトムシのせい虫**の口は，ブラシのようになっています。カブトムシは，この口を使って，クヌギやコナラなどの**木のみきから出る木のしる（じゅえき）をなめて**生きています。

● カブトムシは，ふつう，夜の間にじゅえきをすいに木に集まり，昼間は**木のわれ目や落ち葉の下**などでじっとしています。

● **セミのせい虫**の口は，ストローのように細長いかたい口です。セミは，この口を木のみきにさして，**木のしるをすって**生きています。

● セミは，ほとんど1日じゅう木のみきにとまって生活しています。　答 Ⓑ

6 考えよう 植物がへると，こん虫の食べ物やすみかはどうなるでしょうか。

正しいのは？

Ⓐ 食べ物もすみかもへる。
Ⓑ 食べ物はへるが，すみかはへらない。
Ⓒ 食べ物はへるが，すみかはふえる。

● チョウのよう虫やバッタ，カブトムシやセミなどのように，多くのこん虫は，えさとなる**植物をすみかにして生活しています。**

● このことは，えさをさがしてまわるひつようがなく，生きる上でつごうのよいことです。

● だから，植物がへると食べ物やすみかがへり，こん虫もへってしまいます。　答 Ⓐ

たいせつポイント

こん虫 ｛ 植物を食べたり，すみかにしているものが多い。
　　　　 植物がへると，こん虫もへる。

教科書のドリル

答え → 別さつ7ページ

1 次の文の（　）の中に，あてはまることばや数字を，それぞれ書き入れなさい。

からだが①（　　　），②（　　　），③（　　　）の3つの部分に分かれていて，そのうちの④（　　　）の部分から⑤（　　　）本のあしが出ている虫のなかまをこん虫という。

2 次の文のうち，こん虫のとくちょうを書いたものには○，そうでないものには×を書きなさい。

① かならずはねが4まいある。（　　）

② からだが，頭・むね・はらの3つの部分に分かれている。（　　）

③ あしが6本あるものや，8本あるものがいる。（　　）

④ すべて，せい虫は花にきて，みつをすう。（　　）

3 次の中から，こん虫でないものを1つえらび，その記号を書きなさい。（　　）

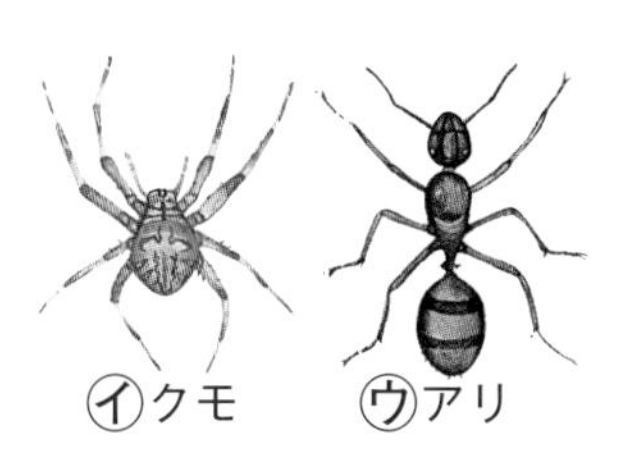

㋐アゲハ　㋑クモ　㋒アリ

4 次の文の（　）の中に，あてはまることばを書きなさい。

(1) モンシロチョウは，たまご→①（　　　）→②（　　　）→③（　　　）のじゅんに育っていきます。アゲハ・オオカマキリのうち，これと同じ育ち方をするのは，④（　　　）です。

(2) トノサマバッタは，たまご→①（　　　）→②（　　　）のじゅんに育ち，③（　　　）の時期がありません。アゲハ・オオカマキリのうち，これと同じ育ち方をするのは，④（　　　）です。

5 カブトムシのせい虫とバッタの食べ物とすみかについて，次の問いに答えなさい。

(1) それぞれの食べ物を，下のア，イからえらび，記号を書きなさい。

カブトムシのせい虫（　　）

バッタ（　　）

ア　木のしる
イ　植物(草)の葉

(2) それぞれのすみかを，下のア，イからえらび，記号を書きなさい。

カブトムシのせい虫（　　）

バッタ（　　）

ア　草むら　　イ　落ち葉の下

テストに出る問題

答え → 別さつ7ページ
時間30分　合格点80点　とく点　　／100

1 右の図は，モンシロチョウのからだのつくりをかいたものです。これについて，次の問いに答えなさい。　［4点ずつ…合計36点］

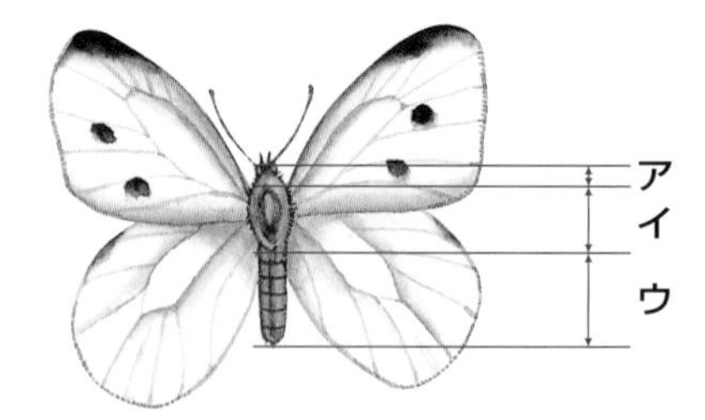

(1) モンシロチョウのからだは，3つに分けることができます。右の図のア～ウの部分の名前を書きなさい。

ア〔　　　　〕 イ〔　　　　〕
ウ〔　　　　〕

(2) モンシロチョウのせい虫のあしは，何本ですか。　〔　　　本〕

(3) 次の①～④は，ア～ウのどの部分についていますか。それぞれ，ア～ウの記号で答えなさい。

① あし〔　　　〕　② はね〔　　　〕
③ しょっ角〔　　　〕　④ 口〔　　　〕

(4) (3)の①～④のうち，身のまわりのようすを感じとるのはどこですか。1つえらびなさい。　〔　　　〕

2 次の図は，虫のからだのつくりをわかりやすい形であらわしたものです。この図を見て，下の問いに答えなさい。　［5点ずつ…合計20点］

ア　イ　ウ　エ　オ　カ

はね
あし

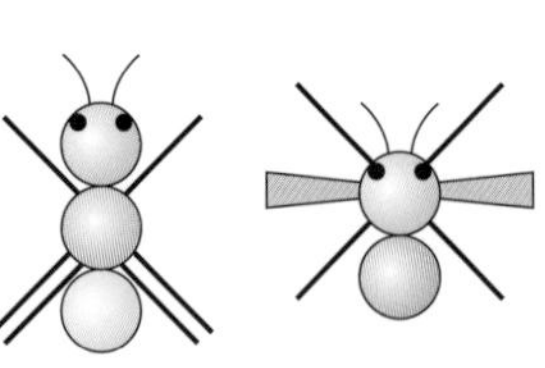

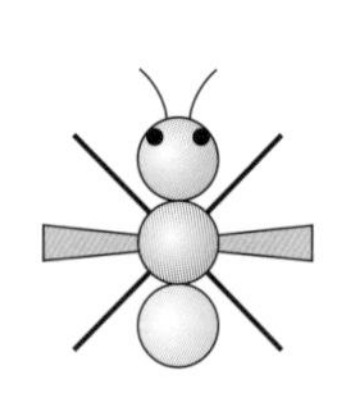

(1) 上の図の中に，こん虫のからだのつくりを正しくあらわしているものが2つあります。どれとどれですか。ア～カの記号で答えなさい。

〔　　　〕〔　　　〕

(2) 上の図の中で，トンボとアリのからだのつくりを正しくあらわしているのは，どれですか。それぞれ，ア～カの記号で答えなさい。

トンボ〔　　　〕 アリ〔　　　〕

3 次のこん虫は，よく見かけるものばかりです。これらのこん虫の育ち方について，下の問いに答えなさい。
［４点ずつ…合計28点］

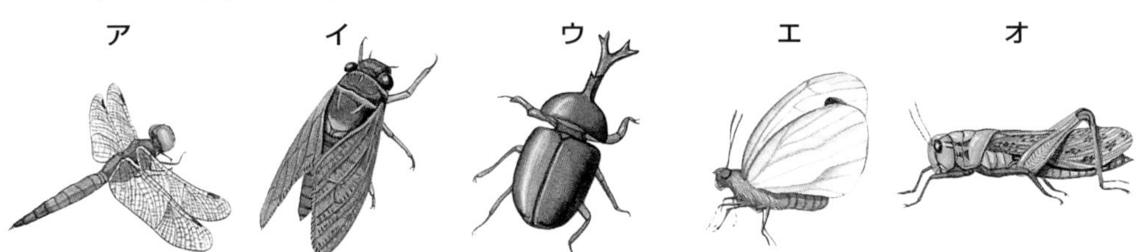

シオカラトンボ　アブラゼミ　カブトムシ　モンシロチョウ　トノサマバッタ

(1) アのこん虫のよう虫を何といいますか。 〔　　　〕

(2) これらのこん虫の中に，たまご→よう虫→さなぎ→せい虫のじゅんに育つものが２つあります。それらの記号を書きなさい。 〔　　　〕〔　　　〕

(3) これらのこん虫の中に，たまご→よう虫→せい虫のじゅんに育つものが３つあります。それらの記号を書きなさい。 〔　　　〕〔　　　〕〔　　　〕

(4) これらのこん虫のよう虫は，からだが大きくなるときに，あることをします。それは何ですか。 〔　　　〕

4 こん虫の食べ物とすみかについて，次の問いに答えなさい。
［４点ずつ…合計16点］

(1) 次のア〜ウのうち，モンシロチョウのよう虫が見つからないものはどれですか。１つえらびなさい。 〔　　　〕

ア　ダイコン

イ　アブラナ

ウ　ミカン

(2) 次の文が正しいときには○を，まちがっているときには×を書きなさい。

① トンボのよう虫は，草むらにすんでいて，植物の葉を食べて大きくなる。 〔　　　〕

② バッタのたまごは土の中にうみつけられ，よう虫になってからは，ずっと草むらでくらす。 〔　　　〕

③ セミは，よう虫のときは土を食べ，せい虫になってからは花のみつをすう。 〔　　　〕

なるほど科学館

アブラゼミの一生

▶アブラゼミは，日本中どこにでもいるおなじみのセミです。アブラゼミが木に止まって鳴くのは２週間くらいですが，よう虫の期間は６年にもなります。

▶交びをしためすは，かれた木のみきなどに，長さ２㎜くらいの細長いたまごをうみます。たまごはそのまま冬をこし，次の年の６月ごろふ化して，地上におります。

▶地上におりたよう虫は，そのまま土の中にもぐりこみ，土の中で生活します。

▶土の中で，よう虫は，木や草の根に口をさし，木のしるをすって育ちます。そして，６年間に４回だっ皮をして大きくなり，７年目の夏，さい後のだっ皮をする前に地上に出てきます。

▶よう虫が地上に出てくるのは，雨や風のないしずかな日の夕方から夜にかけてです。地上に出たよう虫は，木のみきや葉のうらによじ登り，そこでう化します。

▶う化するときは，よう虫のせなかがたてにわれ，そこからうすい水色をしたせい虫が出てきます。そして，う化し始めてから２～３時間もすると，からだやはねに色がつき，はねがすっかりのびきります。

木にたまごをうむアブラゼミ

アブラゼミのよう虫

う化する前のよう虫

う化しているアブラゼミ

う化してすぐのアブラゼミ

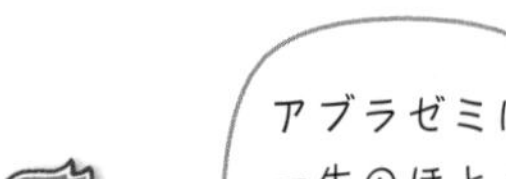

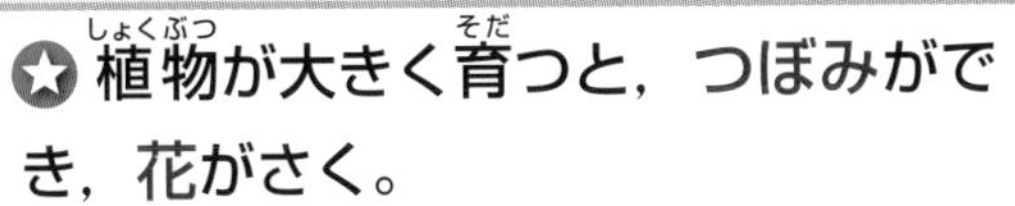

★ 植物が大きく育つと，つぼみができ，花がさく。

ホウセンカ

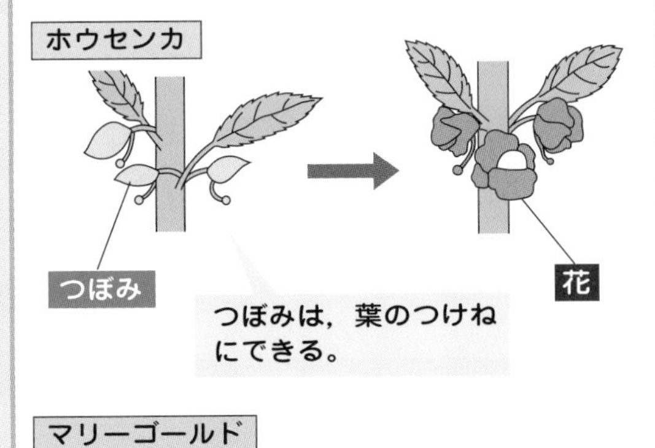

つぼみは，葉のつけねにできる。

マリーゴールド

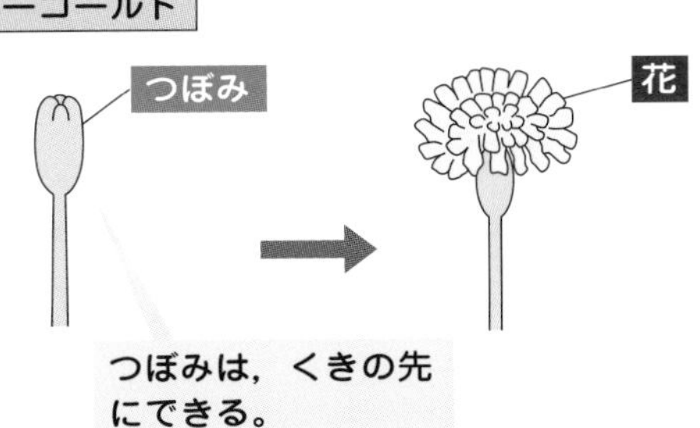

つぼみは，くきの先にできる。

★ 花がさいたあとに実ができ，実の中にたねができる。

ホウセンカ

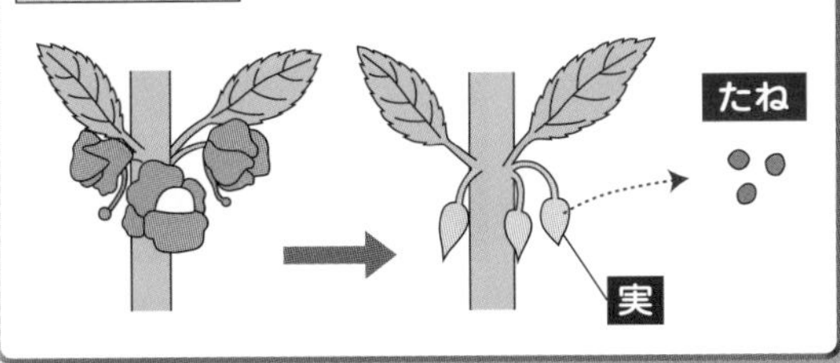

★ 花をさかせ，たねをつくると，植物はかれてしまう。

ホウセンカ

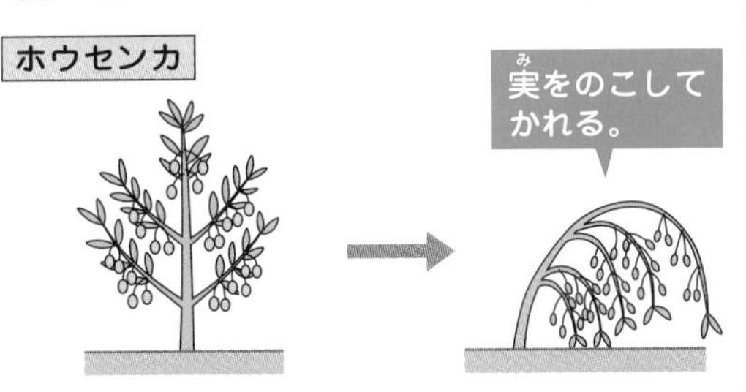

★ 1このたねから育った植物から，たくさんのたねができる。

植物（ホウセンカ）の一生

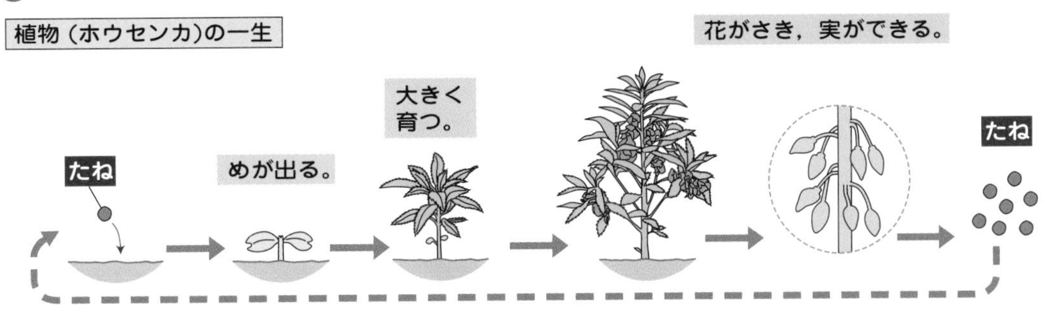

1 つぼみから花へ

1 考えよう ホウセンカの花は，どこにできるのでしょうか。

正しいのは？
Ⓐ くきのとちゅうの葉のつけねにできる。
Ⓑ くきの先にできる。
Ⓒ できる所は決まっていない。

ホウセンカ

マリーゴールド

● 植物が大きく育つと，やがて**つぼみ**ができます。つぼみができる所は，植物のしゅるいによってちがいます。

● **ホウセンカ**や**オクラ**などでは，くきのとちゅうについている**葉のつけね**につぼみができます。

● **マリーゴールド**や**ヒマワリ**などでは，**くきの先**につぼみができます。

● つぼみは，やがて開いて**花**がさきます。

答 Ⓐ

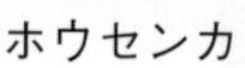

2 考えよう つぼみが開いて花がさいたあと，植物はどうなるでしょうか。

正しいのは？
Ⓐ すぐに全体がかれてしまう。
Ⓑ 花はかれるが，葉はすぐにはかれない。
Ⓒ 葉が先にかれてから花がかれる。

● 花がさいてしばらくすると，**その花はかれてしまいます。**

● しかし，花がかれても，葉やくきはすぐにはかれません。

● 花がさいているとき，花のみつや花ふんをもとめて，いろいろな虫が花にやってきます。

答 Ⓑ

もっとくわしく 花がかれてもすぐには葉がかれないのは，たねをつくるためです。たねをつくるのにひつようなよう分は葉でつくられます。

2 実とたね

1 考えよう 植物の実は，どこにできるのでしょうか。

正しいのは？
- A 葉がついていた所にできる。
- B 根がついていた所にできる。
- C 花がさいていた所にできる。

● 花がかれると，花のさいたあとに実ができます。

● 花の中には，おしべやめしべがあり，めしべのねもとの部分がふくらんで実になるのです。

● 実の中にはたねがはいっていますが，たねの形は，植物のしゅるいによってちがいます。また，1つの実の中にはいっているたねの数も，植物のしゅるいによってちがいます。

答 C

2 考えよう じゅくしたたねには，どんなとくちょうがあるでしょうか。

正しいのは？
- A 小さくて，やわらかい。
- B 大きくて，かたい。
- C 白っぽくて，ぷよぷよしている。

● 実がじゅくすと，実の中にできるたねもじゅくします。

● よくじゅくしたたねは，大きくてかたく，黒っぽい色をしています。

● 1このたねから育った植物は，花をさかせ，たくさんのたねをつくると，やがてかれてしまいます。

答 B

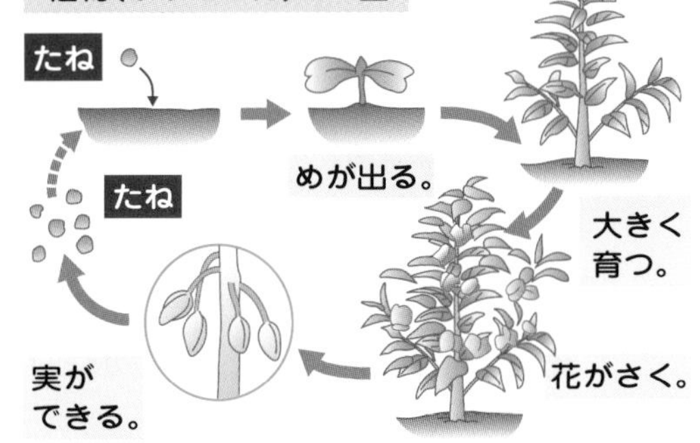

たいせつポイント

花がさいたあとに実ができる。実の中にはたねがある。
1このたねから育った植物は，たくさんのたねをつくる。

教科書のドリル

答え ➜ 別さつ8ページ

1 次の文の（　）にあてはまることばを書き入れなさい。

① 植物が大きく育つと，葉のつけねやくきの先に（　　　）ができ，開いて（　　　）がさく。

② そして，花がさいたあとには，（　　　）ができ，その中には，（　　　）がはいっている。

2 次のア〜ウの花について，下の問いに答えなさい。

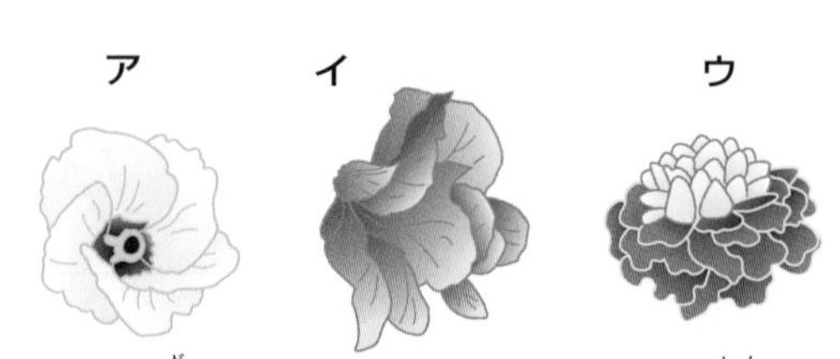

(1) 図のア〜ウは，それぞれ何という植物の花ですか。下の中から1つずつえらびなさい。

ア（　　　）　イ（　　　）
ウ（　　　）

マリーゴールド	オクラ
ホウセンカ	ヒマワリ

(2) 図のア〜ウのうち，花がくきの先につくものはどれですか。1つえらびなさい。（　　　）

(3) 図のア〜ウのうち，花が葉のつけねにつくものはどれですか。2つえらびなさい。（　　　）（　　　）

3 次のアとイの実について，下の問いに答えなさい。

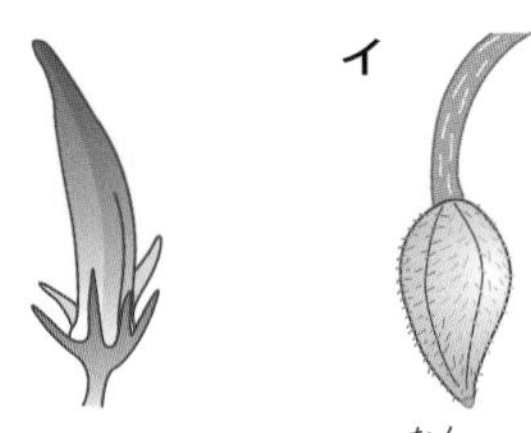

(1) アとイは，それぞれ何という植物の実ですか。次の中からえらびなさい。

ア（　　　）　イ（　　　）

マリーゴールド	オクラ
ホウセンカ	ヒマワリ

(2) 手でさわるとぱっとはじけて，中からたねがとび出すのは，アとイのどちらですか。（　　　）

(3) アとイの実は，じっさいにはどちらが大きいですか。（　　　）

4 次の文のうち，正しいものには○を，まちがっているものには×を書きなさい。

① 植物の中には，花がさく前に実ができるものがある。（　　　）

② ホウセンカやオクラは，花がさいたあと実ができ，たねができるとかれてしまう。（　　　）

③ 実の中にできたたねからは，植物は育たない。（　　　）

テストに出る問題

答え → 別さつ9ページ
時間15分　合格点80点

1 右の図は，ホウセンカの花がさき，実ができるまでのようすをしめしたものです。これについて，次の問いに答えなさい。［合計60点］

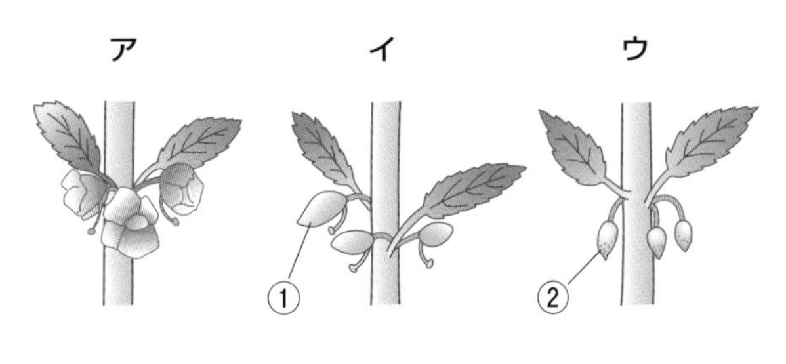

(1) ア〜ウを正しいじゅんにならべなさい。［20点］　〔　　→　　→　　〕

(2) 図の①と②は何ですか。［10点ずつ］　①〔　　〕　②〔　　〕

(3) 実の中にできたたねは，次のうち，どうなりますか。［10点］　〔　　〕

ア　実ごと地面に落ちる。　　イ　実がはじけて，とびちる。

ウ　実の中でかれる。

(4) たねは，春にまいたたねとくらべてどうですか。［10点］　〔　　〕

ア　形も大きさもだいたい同じ。　　イ　形は同じだが，小さい。

ウ　大きさは同じだが，細長い。

2 次の図は，ホウセンカの一生をあらわしたものです。これについて，あとの問いに答えなさい。［合計40点］

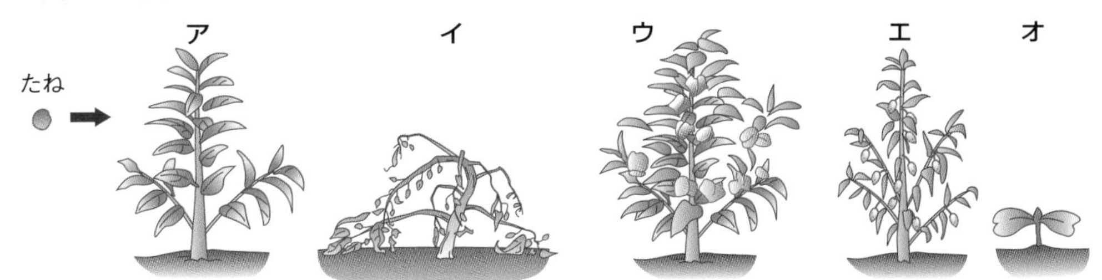

(1) ア〜オを正しいじゅんにならべなさい。［20点］

〔　　→　　→　　→　　→　　〕

(2) 次のうち，正しいほうをえらびなさい。［10点］　〔　　〕

ア　1このたねから育ったホウセンカには，たねは1こしかできない。

イ　1このたねから育ったホウセンカには，たくさんのたねができる。

(3) たねができたあとのホウセンカは，どうなりますか。［10点］　〔　　〕

ア　次の年になると，新しい葉が出て，さらに大きくなる。

イ　次の年になると，また緑色になる。　　ウ　すっかりかれてしまう。

たねのちり方

タンポポのたね

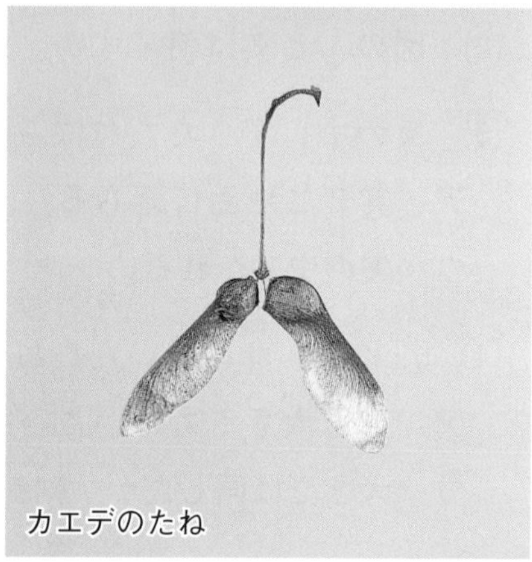
カエデのたね

▶植物のたねは，全部が同じ所に落ちたのでは，水や日光をとりあって，育つことができません。そのため，できるだけ遠くのちがった所に落ちようとします。

▶たねの中には，遠くまで運ばれやすいつくりをしているものがあります。たとえば，タンポポのたねには毛があり，風にのりやすいようになっています。また，カエデ（モミジ）のたねには，はねがあり，風で運ばれやすくなっています。

▶夏になると，公園や野原でマツヨイグサの花が見られます。ただし，見られるのは，夜の間です。

▶というのも，マツヨイグサは，夕方，日がくれるころに花がさき，朝，夜が明けるころにしぼんでしまう植物だからです。

▶マツヨイグサのように，夜になると花がさく植物には，ユウガオ，オシロイバナ，カラスウリ，ゲッカビジンなどがあります。

マツヨイグサ

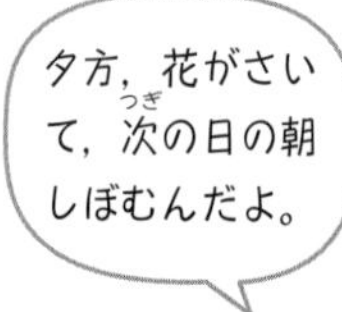

オシロイバナ

7 日なたと日かげをくらべよう

☆ かげは，日なたにできる。日かげには，かげはできない。

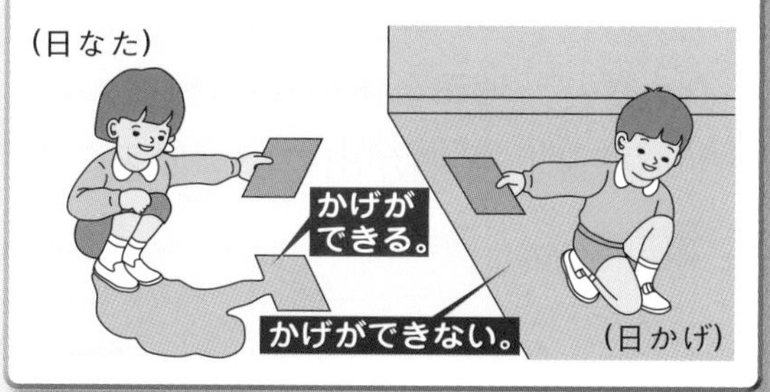

☆ 日なたの地面はあたたかい。日かげの地面はつめたく，しめっている。

☆ かげは，太陽の光がさえぎられて，太陽のはんたいがわにできる。

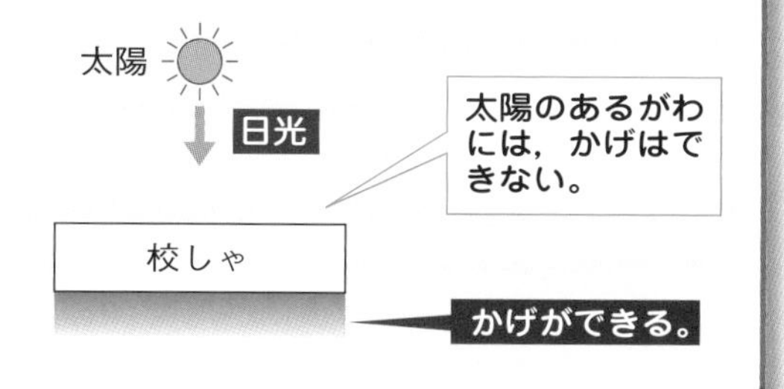

☆ 温度計の目もりは，えきの先のいちをま横から見て読む。

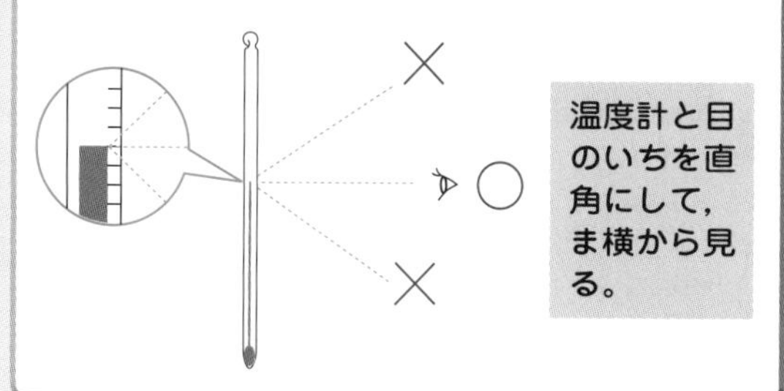

☆ かげのいちは，太陽の動きにつれて，西→北→東へと少しずつ動いていく。

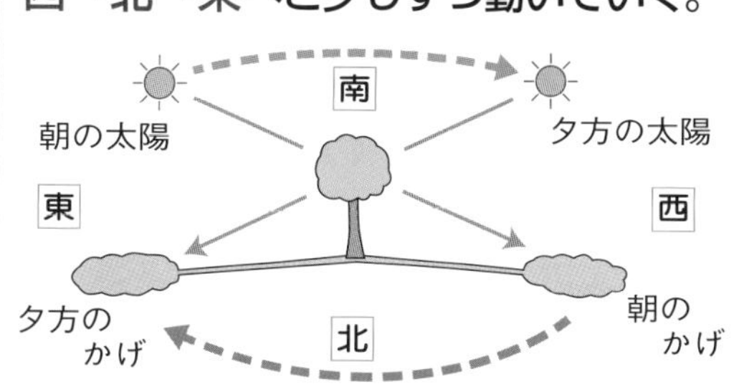

☆ 日なたの地面の温度は，日光であたためられて上がる。

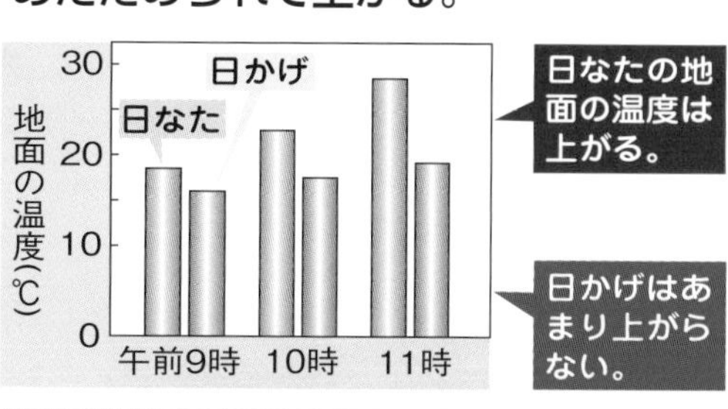

1 かげのでき方

1 考えよう かげができるのは，どんな天気のときでしょうか。

正しいのは？

A よく晴れた日。
B 雨やくもりの日。
C 天気にかんけいなく，いつでもできる。

● よく晴れた日には，日なたと日かげができます。そのとき，日なたに何か物があると，その物が**太陽からの光（日光）をさえぎる**ため，**かげ**ができます。

● いっぽう，雨やくもりの日には，かげはできません。それは，空にある雲が太陽からの光をさえぎり，地面全体が日かげになってしまうからです。**太陽が出ていないと，かげはできません。**

答 A

2 考えよう かげができているとき，太陽はどの方向にあるでしょうか。

正しいのは？

A かげと同じがわにある。
B かげのはんたいがわにある。
C かげのいちからではわからない。

観察 かげができる向きと，そのときの太陽のいちのかんけいを調べましょう。

● 日なたに立ち，自分のかげが前にできたときは，太陽は自分のうしろの方向にあります。

● このように，太陽は，かならず，**かげができているほうのはんたいがわ**にあります。これは，太陽からまっすぐにきた光がさえぎられてかげができるからです。かげは，かならず，**太陽のはんたいがわ**にできます。

答 B

太陽やかげの動きと方角を調べるときは，**方いじしん**を使います。方いじしんのはりは，かならず北と南をさして止まります。

方いじしんの使い方

❶ 方いじしんを水平な所において，はりの動きが止まるのをまつ。

❷ はりの動きが止まったら，方いじしんをゆっくりと回して，「北」の文字と色のついたはりを，かさなるようにあわせる。

❸ このとき，色のついたはりがしめしている方向が北で，色のついていないはりがしめしている方向が南になる。

❹ また，北に向かって右が東で，左が西になる。

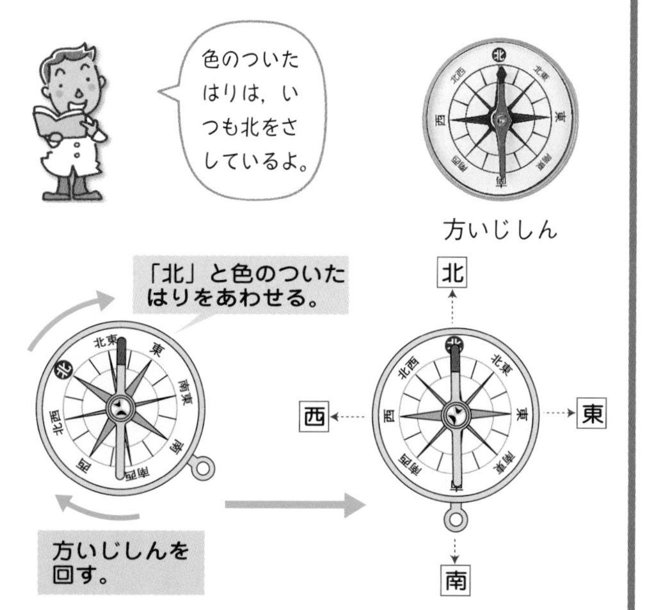

3 考えよう かげが時間とともに動くのは，どうしてでしょうか。

正しいのは？

Ⓐ 日光が曲がってとどいているから。

Ⓑ 太陽が動くから。

Ⓒ 見る人が動いたから。

● 太陽は，朝，東からのぼり，少しずつ動いています。かげは太陽のはんたいがわにできるわけですから，**太陽が動けば，それにつれてかげも動きます**。そのようすは，右の図にしめすとおりです。

● 太陽は**東→南→西**へと動くので，**かげは，西→北→東**へと動きます。

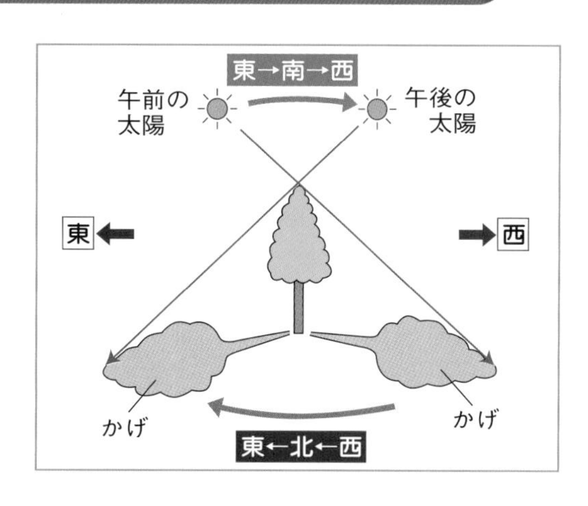

答 Ⓑ

かげ { **太陽のはんたいがわにできる。**
時間がたつにつれて，少しずつ動いていく。

2 日なたと日かげのちがい

1 考えよう 学校のまわりで，いつも日かげになっているのはどこでしょうか。

正しいのは？
- Ⓐ いつも日かげになっている所はない。
- Ⓑ 校しゃの南がわ。
- Ⓒ 校しゃの北がわ。

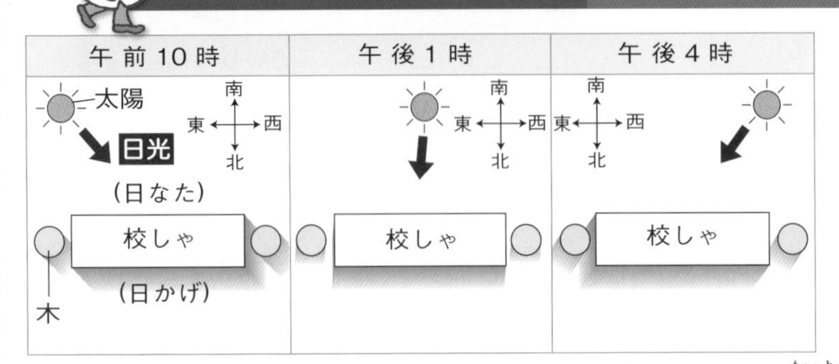

● 学校の校しゃのような大きなたて物では，**南がわ**はほとんど1日中**日なた**になっています。これにたいして，たて物の**北がわ**は1日中**日かげ**です。

● これは，太陽が東から出て南の空を通り，西にしずむため，南がわにはかげができないのにたいして，太陽とはんたいがわの北がわには，かげができるからです。 **答 Ⓒ**

だから，日あたりが悪くてもよいろうかは，校しゃの北がわにとってあるんだな。

2 考えよう 日なたと日かげでは，地面はどちらのほうがあたたかいでしょうか。

正しいのは？
- Ⓐ 日かげのほうがあたたかい。
- Ⓑ 日なたのほうがあたたかい。
- Ⓒ あたたかさはどちらもかわらない。

実験 日なたと日かげの地面に手のひらをおいたりして，地面のあたたかさやかわき方をくらべてみましょう。

● 地面は**日光**によってあたためられます。そのため，**日なたの地面のほうが日かげの地面よりあたたかく，かわいています。**

● あたたかさのちがいは手でふれてもわかりますが，温度計ではかるとよくわかります。

3 考えよう 日なたの地面の温度のはかり方で，正しいのはどれでしょうか。

正しいのは？
- A えきだめは地面の上，おおいはしない。
- B えきだめは土の中，おおいをする。
- C えきだめは土の中，おおいはしない。

● 地面の温度のはかり方は，

① まず，わりばしなどでつくった，温度計をたてかけるささえを立てます。

② 地面にあさいみぞをほり，温度計の**えきだめ**をさしこんで，土をうすくかけます。

③ 温度計に日光が当たらないように，紙を2つにおってつくった**おおいをかけます。**

④ 日かげの地面の温度をはかるときは，おおいはいりません。

● このようにして，えきの先が動かなくなったら，目もりを読みます。

答 B

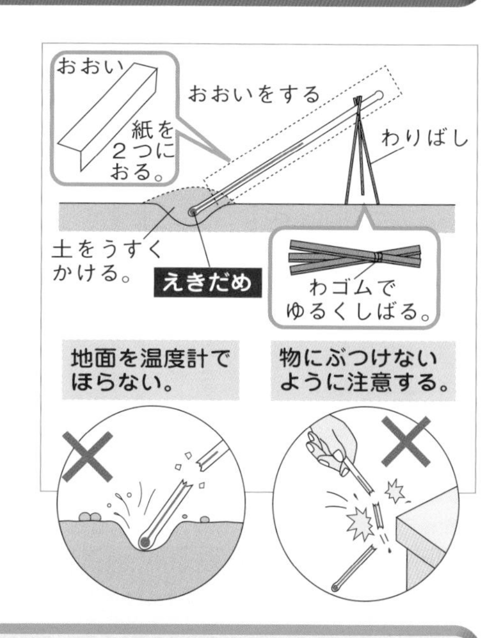

4 考えよう 温度計の目もりは，どのように読むのがよいのでしょうか。

正しいのは？
- A えきの先を，上のほうから見て読む。
- B 温度計に目をできるだけ近づけて読む。
- C 温度計と目のいちを直角にして読む。

● 次のようなことに注意して読みます。

① 温度計と目を直角にして，えきの先をま横から読みます。

② えきだめに息がかからないように，20〜30cmはなして読みます。

③ えきの先が目もりの線と線の間にあるときは，近いほうの目もりを読みます。

● 温度計の**1目もりが1度**で，10度ごとに数字でしめしてあります。

答 C

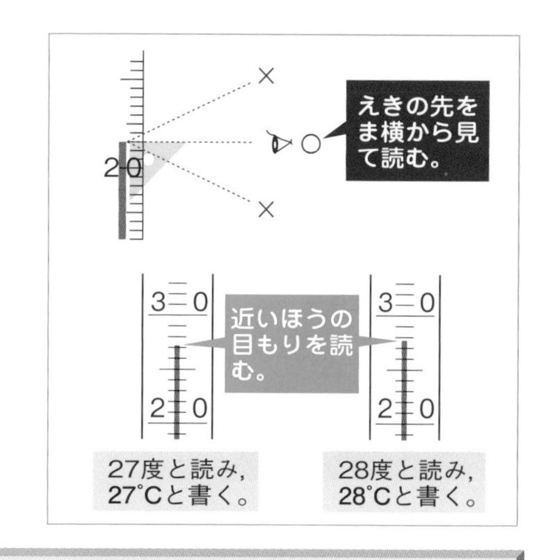

たいせつポイント

- 日なたの地面…温度が高い(あたたかい)。かわいている。
- 日かげの地面…温度がひくい(つめたい)。しめっている。

5 考えよう 日なたでは，時間がたつと地面のあたたかさはかわるでしょうか。

正しいのは？

A 時間がたつほどあたたかくなる。
B 時間がたつほどつめたくなる。
C 時間がたってもかわらない。

実験 日なたと日かげの地面の温度を2時間ごとにはかり，グラフにします。

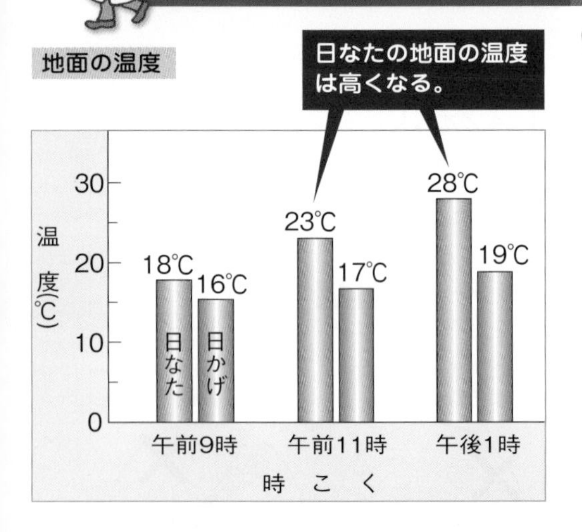

● 左のグラフのように，**日なたの地面の温度は高くなります**が，日かげの地面の温度はあまり高くなりません。

● このようなちがいが出るのは，日なたの地面は**日光**によってあたためられるからです。

答 A

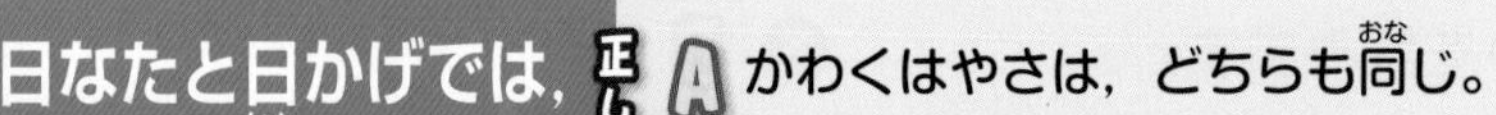

6 考えよう 日なたと日かげでは，水のかわき方はどちらがはやいでしょうか。

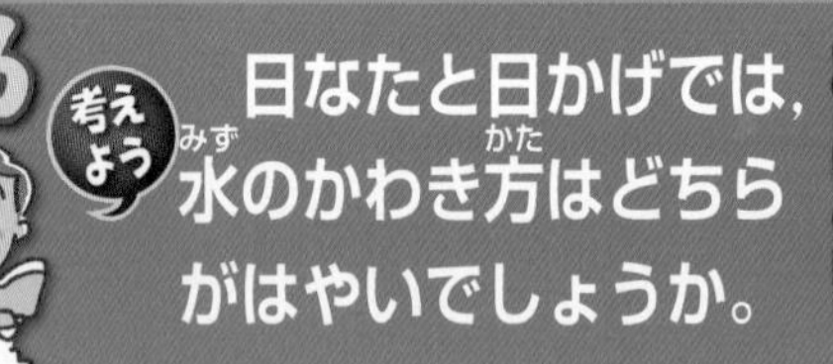

正しいのは？

A かわくはやさは，どちらも同じ。
B 日なたのほうがはやくかわく。
C 日かげのほうがはやくかわく。

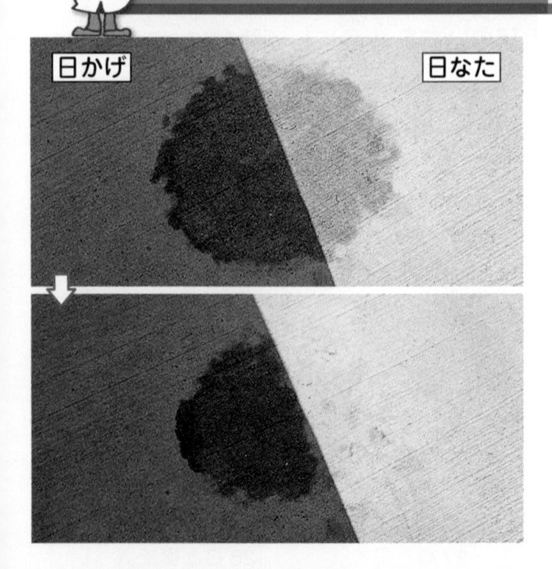

実験 日なたと日かげのさかい目に水をまき，どちらがはやくかわくか調べます。

● じっけんのけっかは，

① **日なたのほうははやくかわきます**が，日かげのほうはなかなかかわきません。

② これは，日なたでは，太陽のねつによって水がはやく**じょうはつ**するからです。

● 日なたの地面がかわいているのは，水がじょうはつしやすいからです。

答 B

たいせつポイント

地面の温度 { 日なたは日光であたためられて温度が上がる。
日かげは温度があまり上がらない。

教科書のドリル

答え → 別さつ 9 ページ

1 次の図を見て，あとの問いに答えなさい。

(1) えい子さんのかげは，ア～ウのどこにできますか。（　　）

(2) 上の図で，太陽は，今どこにありますか。（　　）

ア　えい子さんのせなかのほう

イ　えい子さんの前のほう

ウ　えい子さんの右のほう

エ　えい子さんの左のほう

2 次の文のうち，正しいものには○を，まちがっているものには×を書きなさい。

① かげは，太陽の光がさえぎられてできる。（　　）

② 太陽は，東から西へ動く。（　　）

③ 太陽が動くのにつれて，かげも東から西へ動く。（　　）

3 温度計の使い方について，次の問いに答えなさい。

(1) 温度計の目もりの読み方で正しいのは，右のア～ウのどれですか。（　　）

20　ア　イ　ウ

(2) 上の図のときの温度は，何℃と読めばいいですか。（　　℃）

(3) 地面の温度をはかるときは，温度計に日光を当てますか，当てませんか。（　　　　）

4 次の文の（　）にあてはまることばを書き入れなさい。

① 日なたの地面と日かげの地面では，（　　　）の地面のほうがあたたかい。

② これは，（　　　）の地面が（　　　）によってあたためられるからである。

③ また，（　　　）の地面はかわいているが，（　　　）の地面はしめっていることが多い。

④ これは，（　　　）の地面では，（　　　）のねつによって水がはやく（　　　）するからである。

テストに出る問題

答え → 別さつ10ページ
時間30分　合格点80点　とく点　／100

1 方いじしんの使い方について，問いに答えなさい。

［6点ずつ…合計12点］

(1) 方いじしんは，東・西・南・北のどちらとどちらの方角をさして止まりますか。

〔　　と　　〕

(2) 方いじしんを水平な所においたら，右の図のようになって止まりました。このとき，北は，図のア～エのどの方向ですか。記号を書きなさい。

〔　　〕

2 画用紙のまん中に，まっすぐにぼうを立て，昼の間かげにならない日なたにおき，太陽の動きとかげの動きを調べました。

［7点ずつ…合計21点］

(1) ぼうのかげは，右の図のようになりました。今，太陽は，ア～ウのうちのどのいちにありますか。

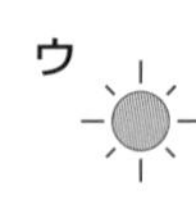

〔　　〕

(2) これから時間がたつと，ぼうのかげはエ，オのどちらに動きますか。

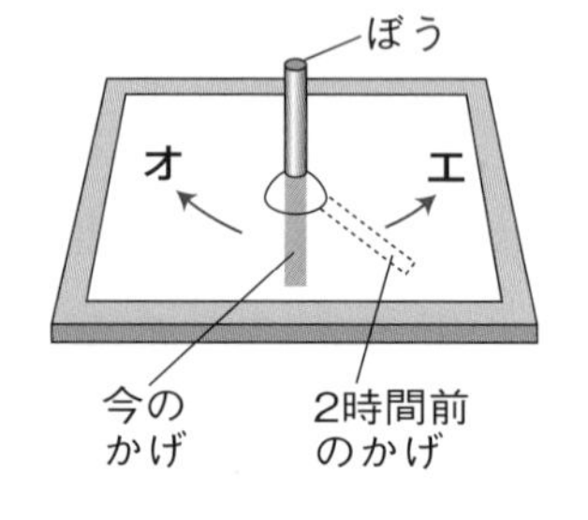

〔　　〕

(3) 時間がたつとぼうのかげが動くのは，どうしてですか。

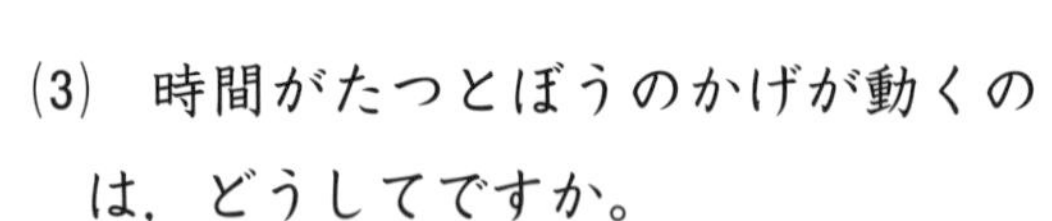

〔　　〕

3 日なたと日かげのちがいをくらべて，表にまとめました。①～③のあいている所を，ことばでうめなさい。

［7点ずつ…合計21点］

くらべたこと	日なた	日かげ
地面のあたたかさ	①	つめたい
地面のしめりけ	かわいている	②
地面のかわき方	③	なかなかかわかない

4 地面の温度のはかり方と温度計の読み方について，次の問いに答えなさい。

［6点ずつ…合計18点］

(1) 日なたの地面の温度をはかるときの正しいはかり方は，次のア～エのうちのどれですか。1つえらび，記号を書きなさい。 〔　　　〕

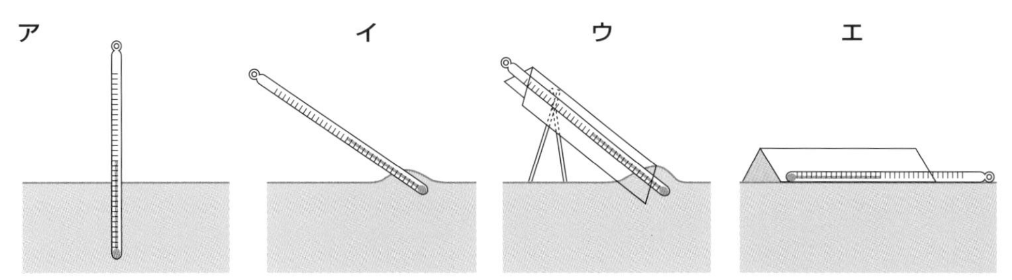

(2) ちがう場所の地面の温度をはかったら，右の図のようになってえきの先が動かなくなりました。このとき，それぞれ何℃と読みますか。

①〔　　　℃〕 ②〔　　　℃〕

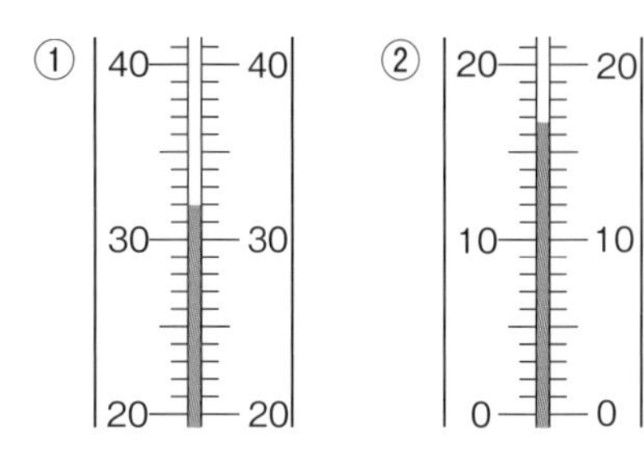

5 右のグラフは，ある日の日なたと日かげの地面の温度のかわり方をしめしたものです。これについて，次の問いに答えなさい。

［7点ずつ…合計28点］

(1) 日なたの温度をあらわしているのは，ア，イのグラフのどちらですか。 〔　　　〕

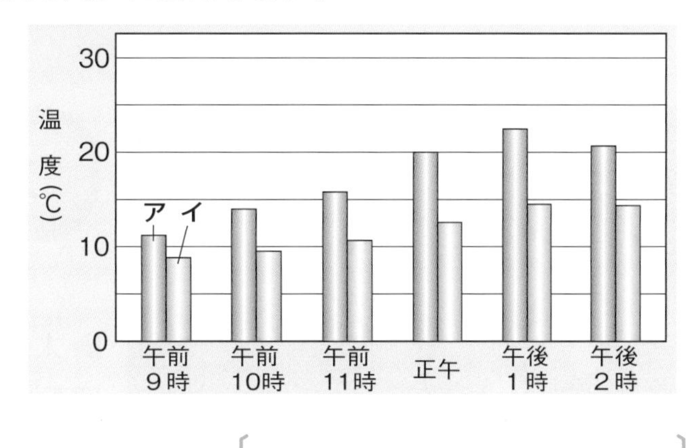

(2) 同じ時こくにはかっても，日なたと日かげの地面の温度がちがうのはなぜですか。

〔　　　　　　　　　　〕

(3) このグラフからわかることを2つえらびなさい。 〔　　　〕〔　　　〕

ア 日なたのほうが，日かげより，温度のかわり方が大きい。

イ 日なたと日かげの温度のちがいは，午前9時がいちばん大きい。

ウ はかっている間は，温度は上がりつづけている。

エ はかっている間は，いつも日なたの温度のほうが高い。

なるほど科学館

日時計

▶下の図のようなそうちをつくり，一日じゅう日かげにならない平らな所におきます。すると，ぼうのかげができます。そのかげのいちを，午前8時，9時，10時というように，時こくをきめて記ろくします。

▶時こくによるかげのいちは，日がかわってもほとんど同じなので，これを使うとおよその時こくを知ることができます。

▶右の写真の日時計は，このようなことをもとにしてつくられています。

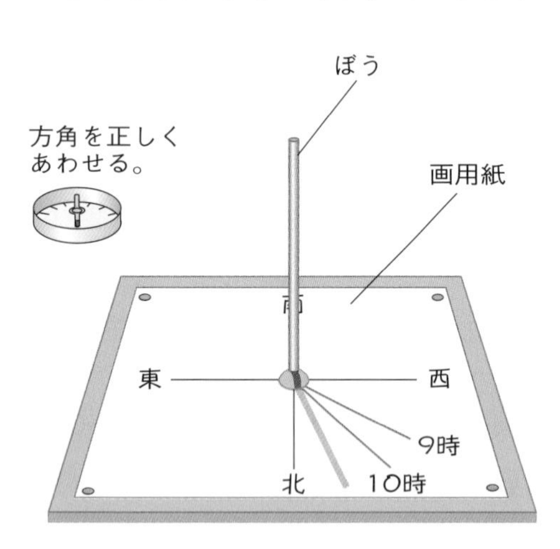

太陽が動くようす

▶太陽は，毎日，朝東の空に出て，南の空を通り，夕方西の空にしずむ動きをしています。けれども，じっと見ているだけでは，動くようすはよくわかりません。

▶左の写真は，太陽が動いていくようすを，10分ごとに，とくべつなほうほうでうつしたものです。これを見ると，太陽が動いていくようすがよくわかりますね。

8 物の重さをくらべよう

教科書のまとめ

★ てんびんでは，うでの長さが同じ所におもりをつるす。

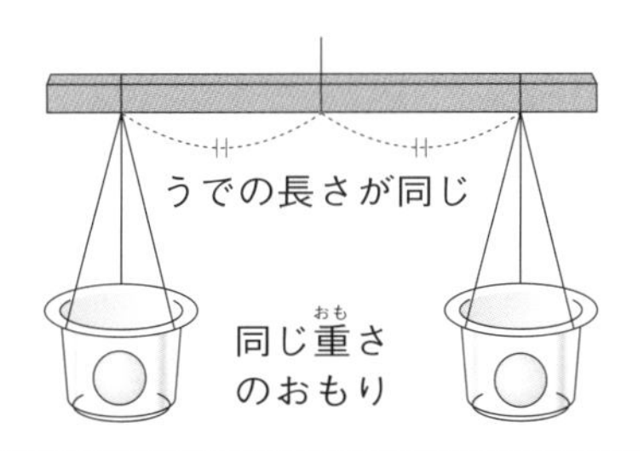

★ 同じ体せき(かさ)の物でも，物によって重さがちがう。

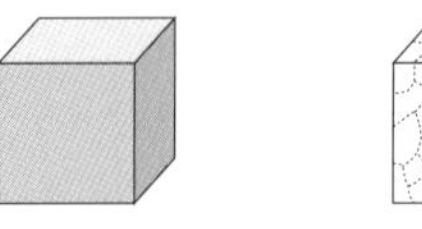

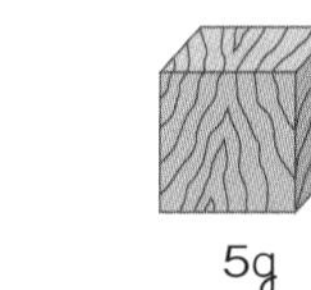

★ てんびんに重さのちがうおもりをつるすと，重いほうにかたむく。

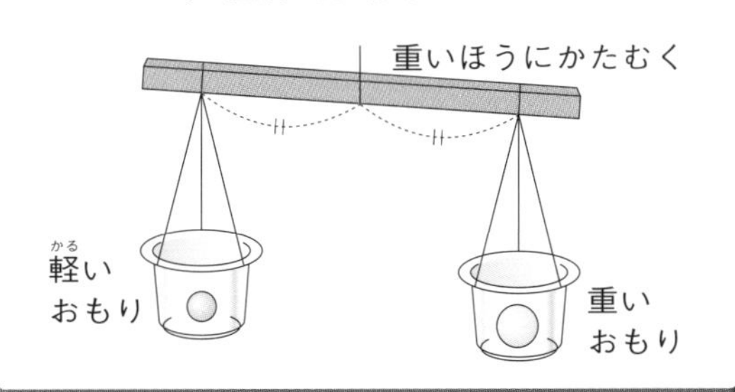

★ 同じ重さの物でも，物によって体せきがちがう。

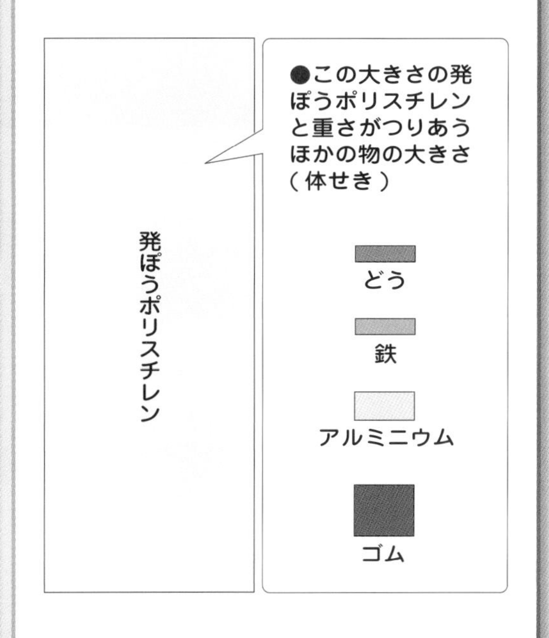

★ 物の形をかえても，重さは，形をかえる前と同じである。

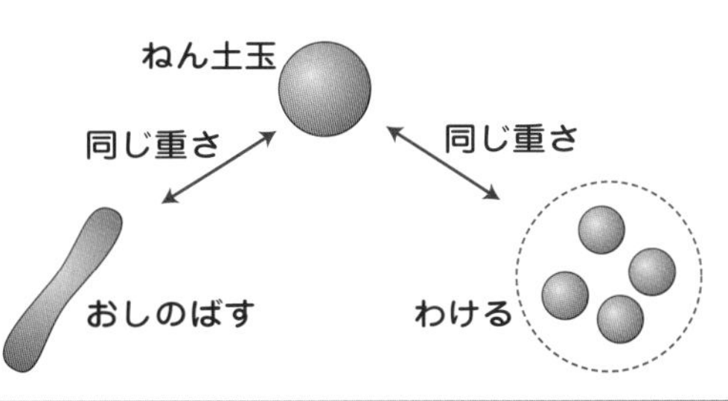

1 物の形と重さ

1 考えよう 物の重さをくらべるとき，どんな道具を使えばよいでしょう。

正しいのは？
- A リットルますや計りょうカップなど。
- B ものさしなど。
- C てんびんや電子てんびんなど。

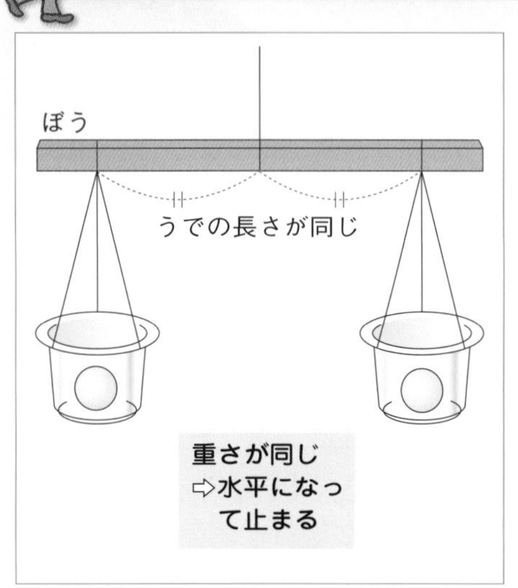

● 物の重さをくらべるときには，**てんびん**や**電子てんびん**などを使います。

● **てんびん**は，左右にうでがあり，左右の皿にのせた**物の重さが同じとき，てんびんは水平**になって止まります。

● **電子てんびん**は，物を皿にのせるだけで，物の重さを調べることができます。

● **ものさし**は，**物の長さを調べるときに使う道具**です。また，リットルますや計りょうカップは，水などのえき体の体せき(かさ)を調べるときに使う道具です。　答 C

2 考えよう てんびんが右にかたむいたとき，どちらのおもりが重いでしょう。

正しいのは？
- A かたむいた右がわのおもりが重い。
- B かたむいた右がわのおもりが軽い。
- C おもりの重さは同じ。

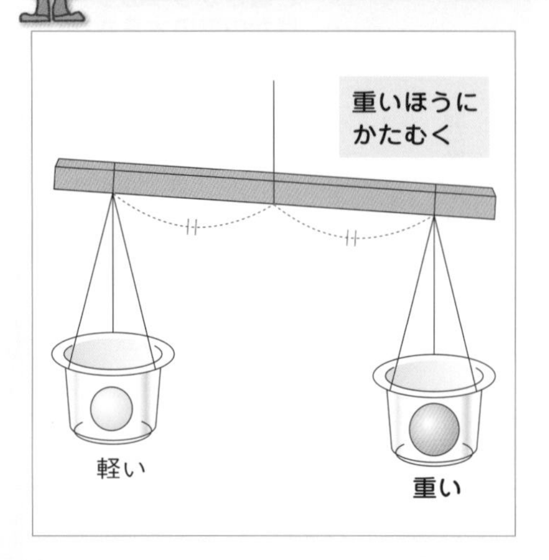

実験 重さがちがうおもりを，うでの長さが同じ所につるし，てんびんがどちらにかたむくか調べてみましょう。

● **うでの長さが同じ所**に，重さのちがうおもりをつるすと，**てんびんは，おもりの重いほうへかたむきます。**

● このことから，てんびんを使って重さをくらべるとき，**てんびんがかたむいた(下がった)ほうの物が重い**ことがわかります。　答 A

3 考えよう ねん土の形がかわったら，重さもかわるのでしょうか。

正しいのは？

Ⓐ ねん土を細長くすると軽くなる。

Ⓑ ねん土の形がかわっても重さは同じ。

Ⓒ 3つに分けると重くなる。

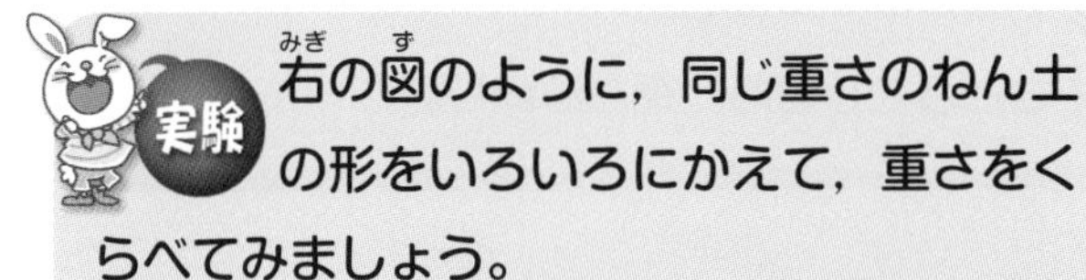

実験 右の図のように，同じ重さのねん土の形をいろいろにかえて，重さをくらべてみましょう。

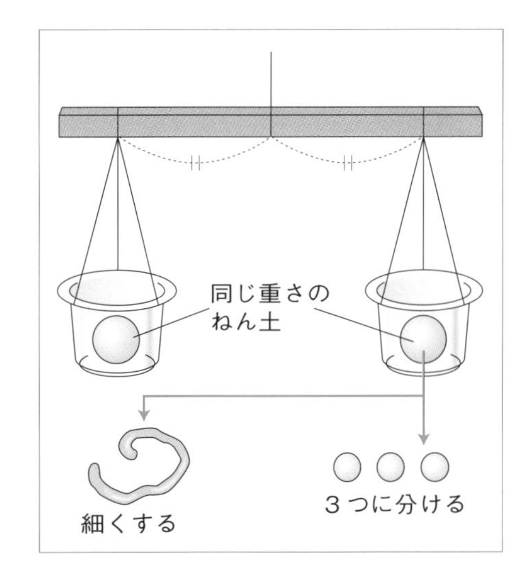

● 右がわの**ねん土**を細長いひものようにしても，てんびんは水平になって止まります。

● また，右がわのねん土を３つに分けても，てんびんは水平になって止まります。

● **ねん土の形をどのようにかえても，重さはかわらない**といえます。　答 Ⓑ

4 考えよう アルミニウムはくの形がかわったら，重さもかわるのでしょうか。

正しいのは？

Ⓐ 丸くすると重くなる。

Ⓑ 細かく切ると軽くなる。

Ⓒ 重さはかわらない。

● **アルミニウムはく**で調べましょう。

① 右の図のように，電子てんびんの上にアルミニウムはくをのせ，重さをはかります。

② ①のアルミニウムはくを丸めて重さをはかります。

③ 丸めたアルミニウムはくを開き，細かく切って電子てんびんにのせ，重さをはかります。

● それぞれの重さをくらべると，**アルミニウムはくの形がどのようにかわっても，重さはかわらない**ことがわかります。　答 Ⓒ

たいせつポイント

物の重さを調べるときは，てんびんを使う。
物の形やこ数がかわっても，全体の重さはかわらない。

2 物の体せきと重さ

1 考えよう

同じ体せき(かさ)のさとうとしおでは，どちらが重いでしょう。

正しいのは？
- A さとうのほうが重い。
- B しおのほうが重い。
- C さとうもしおも，重さは同じ。

実験 同じ大きさの入れ物に，さとうとしおを入れ，電子てんびんを使って，それぞれの重さを調べてみましょう。

● それぞれの重さは，次のようになりました。

調べたもの	入れ物いっぱいの重さ
しお	23g
さとう	18g

● このことから，**同じ体せきのさとうとしおをくらべると，重さはちがう**ことがわかります。

答 B

2 考えよう

体せきが同じなら，物の重さも同じなのでしょうか。

正しいのは？
- A 体せきが同じだから，重さも同じ。
- B 同じ体せきなら，鉄よりゴムのほうが重い。
- C 同じ体せきでも，物により重さがちがう。

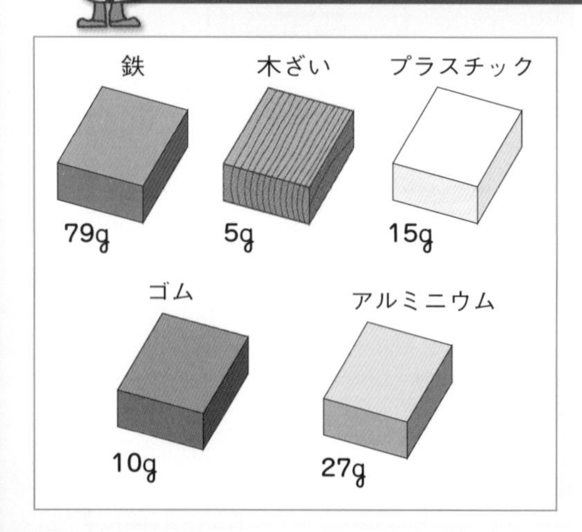

● 同じ10cm³の**鉄・木ざい・プラスチック**などの重さを，電子てんびんを使って調べると，左の図のようなけっかになりました。

● このけっかから，体せきが同じであっても，重さについては**鉄がいちばん重く，木ざいがいちばん軽い**ことがわかります。

● このように，同じ体せきでくらべると，**物によって重さはちがう**ことがわかります。

答 C

3 同じ重さの発ぽうポリスチレンとねん土で体せきが大きいのは？

正しいのは？

- **A** 発ぽうポリスチレンのほうが大きい。
- **B** ねん土のほうが大きい。
- **C** 重さが同じなら，体せきも同じ。

次のようにして，同じ重さの発ぽうポリスチレン(フォームポリスチレン)の体せきをくらべてみましょう。

① 電子てんびんで発ぽうポリスチレンの重さをはかる。

② ①の発ぽうポリスチレンと同じ重さのねん土をはかる。

③ ねん土を発ぽうポリスチレンと同じような形にして体せきをくらべる。

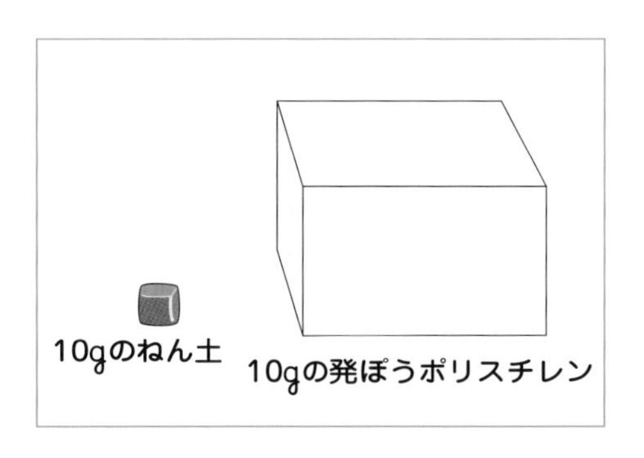

● じっけんのけっかから，**発ぽうポリスチレン**と**ねん土**では，**重さが同じであっても，発ぽうポリスチレンのほうがねん土よりも体せきが大きい**ことがわかります。

答 A

● 下の図は，同じ重さのいろいろな物の体せきをくらべたものです。物によって，その体せきがちがうことがわかります。

● このように，**物によって，重さが同じでも，体せきはちがいます。**

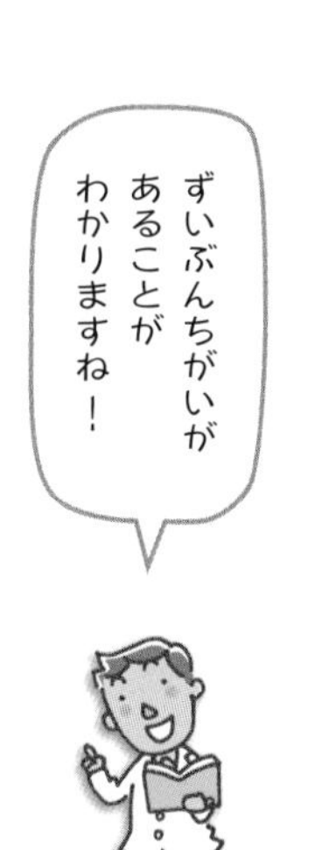

同じ重さでの体せきくらべ

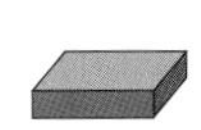

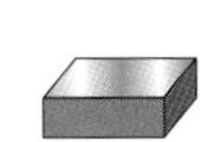

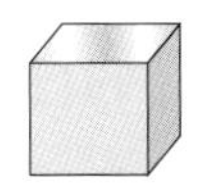

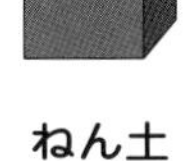

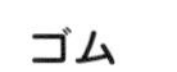

同じ体せきでも，物によって重さがちがう。
同じ重さでも，物によって体せきがちがう。

教科書のドリル

答え ➔ 別さつ11ページ

1 てんびんの両がわに同じ入れ物をとりつけました。下の図の①と②の長さは，どうしておくのがよいですか。（　　）

ア　同じにしておく。

イ　①を②の２倍にしておく。

ウ　どのようにしておいてもよい。

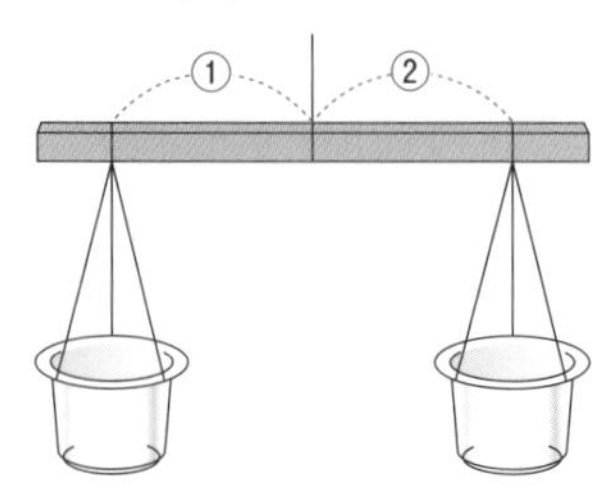

2 てんびんで重さくらべをしたら，下の図のようにかたむきました。重いのはア，イのどちらですか。

（　　）

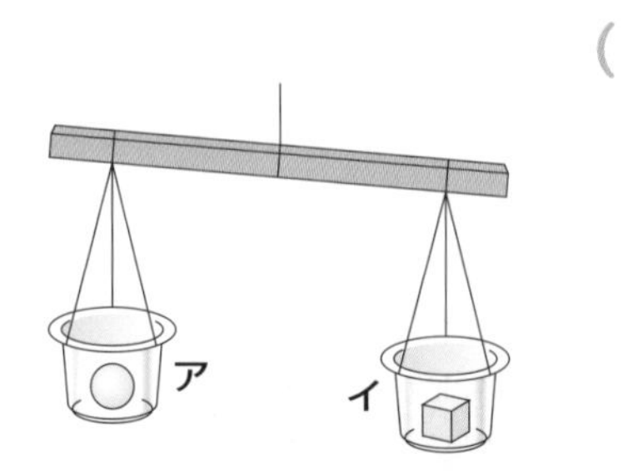

3 同じ重さのねん土の形をかえて，重さくらべをしました。どちらが重いですか。（　　）

ア　①が重い。　　イ　②が重い。

ウ　どちらも同じ。

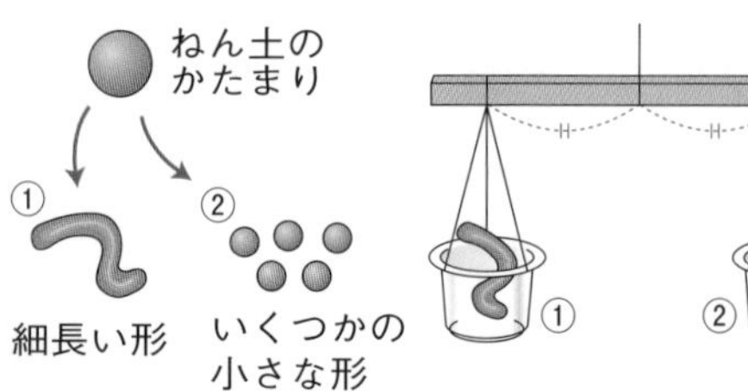

①　②

4 同じ体せき(かさ)の木ざい・発ぽうポリスチレン・鉄の重さをそれぞれはかりました。

ア　イ　ウ

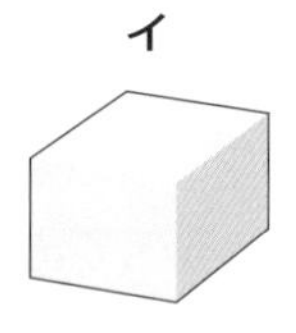
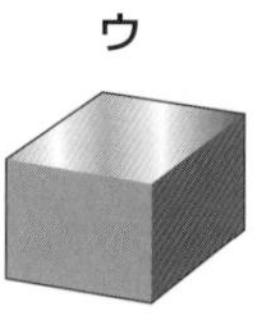

木ざい　発ぽうポリスチレン　鉄

(1) いちばん軽いのは，ア～ウのうちのどれですか。（　　）

(2) いちばん重いのは，ア～ウのうちのどれですか。（　　）

(3) 次のア，イのうち，正しいのはどちらですか。（　　）

ア　同じ体せきの物は，すべて同じ重さである。

イ　同じ体せきの物でも，物によって重さはちがう。

5 同じ重さにして，発ぽうポリスチレンとねん土の体せきをくらべました。次の問いに答えなさい。

(1) 体せきが大きいのは，どちらですか。（　　　　）

(2) 次のア～ウから，正しいものを１つえらびなさい。（　　）

ア　物はちがっても，重さが同じときは体せきも同じになる。

イ　物がちがうと，重さは同じでも体せきはちがう。

ウ　体せきが同じときは，どんな物でも同じ重さになる。

テストに出る問題

答え → 別さつ11ページ
時間15分　合格点80点　とく点　/100

1 てんびんを使って，はさみ・のり・消しゴム・えんぴつの重さくらべをしました。そのけっかは，次の図のようになりました。このことについて，あとの問いに答えなさい。　[(1)〜(4)各10点,(5)15点…合計55点]

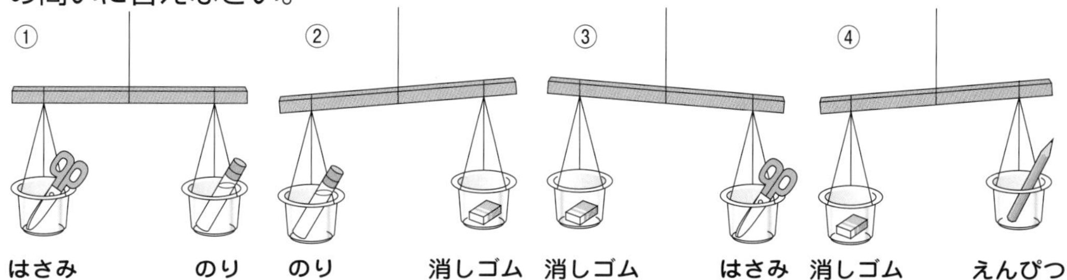

(1) 重さが同じなのは，①〜④のうちのどれですか。〔　　〕

(2) のりと消しゴムとでは，どちらが重いですか。〔　　〕

(3) 消しゴムとはさみとでは，どちらが軽いですか。〔　　〕

(4) ④で，消しゴムとえんぴつを入れかえてのせると，てんびんのどちらがわが下がりますか。右または左で答えなさい。〔　　〕

(5) はさみ・消しゴム・えんぴつを，軽い物から重い物へ，じゅんにならべなさい。

〔　　〕→〔　　〕→〔　　〕

2 下の図のように，アルミニウムはくの重さを電子てんびんではかったところ，5gでした。このことについて，あとの問いに答えなさい。　[各15点…合計45点]

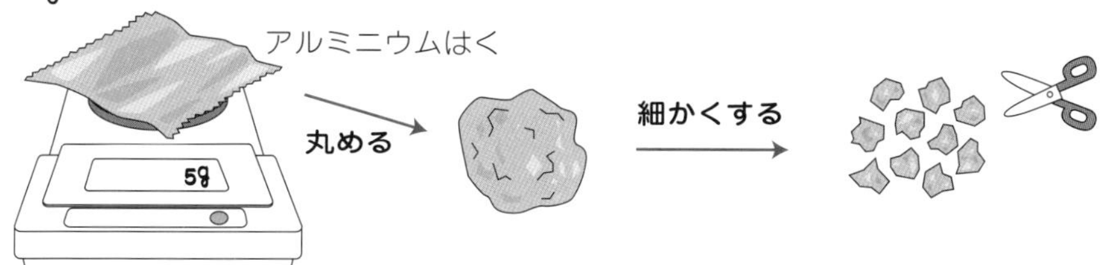

(1) アルミニウムはくを丸めて重さをはかりました。重さはどうなりますか。次のア〜ウから１つえらびなさい。〔　　〕

ア　5gより重くなる。　　イ　5gより軽くなる。　　ウ　かわらない。

(2) 丸めたアルミニウムはくを開いて，いくつかに切りきざみ，全体の重さをはかりました。重さはどうなりますか。上のア〜ウから１つえらびなさい。〔　　〕

(3) 次の〔　〕の中にあてはまることばを書きなさい。

「物の形がかわっても，物の重さは〔　　　　〕。」

なるほど科学館

体重が半分になる!?

▶かた足で体重計にのると，両足で体重計に立ったときにくらべて，体重は半分になるのでしょうか。

▶答えは「ならない」で，両足で立ったときと同じ重さになります。これは，物の重さをはかるとき，形をかえても重さはかわらないというせいしつがあるからです。かた足ではかっても，しゃがんではかっても，全体重が体重計にかかっていれば，同じ重さになります。

▶このことは，体重だけでなく，ほかの物についてもいえます。さらに，いくつかに分けられる物では，分ける数を多くしてはかっても，１つにまとめてはかっても，重さはかわりません。

アルキメデスの話

▶アルキメデスは，2000年以上前のギリシャの科学者です。あるとき，当時の小さな国の王様が，金細工をする人に金のかたまりをわたし，かんむりをつくらせました。

▶ところが，金細工をする人が金に銀をまぜ，まぜた重さ分の金をぬすんだといううわさが広まりました。そこで王様はアルキメデスに，かんむりをこわさずに，まぜ物があるかどうかを調べるように命じました。

▶アルキメデスは，王様のかんむりと同じ重さの金のかたまりを用意し，それぞれの体せきをはかりました。すると，かんむりのほうの体せきが大きかったので，かんむりには銀がまぜられていることがわかりました。なぜなら，同じ重さの金と銀では，銀のほうが体せきが大きいからです。

▶このようにして，アルキメデスは金細工人のごまかしを見やぶったのです。

9 風やゴムで物を動かそう

教科書のまとめ

✪ 風には，物を動かすはたらきがある。

✪ 風を物に当てると物は風のふく向きと同じ向きに動く。

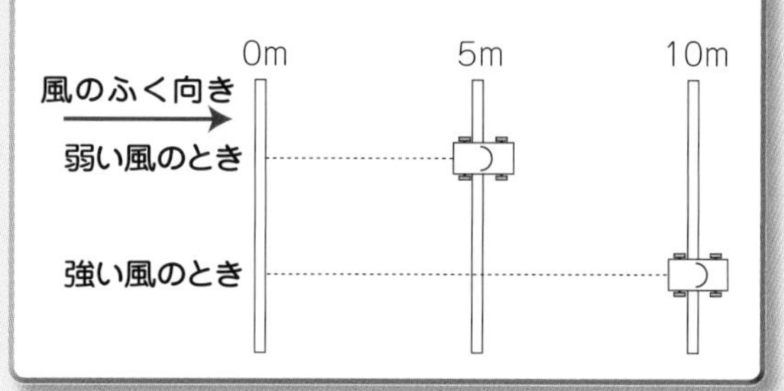

✪ 風が強いほど，物を動かすはたらきは大きくなる。

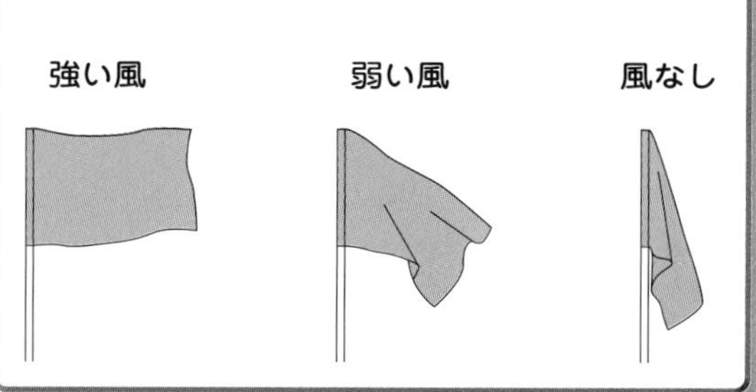

✪ ゴムには，物を動かすはたらきがある。

✪ ゴムを長くのばすと，物を動かすはたらきは大きくなる。

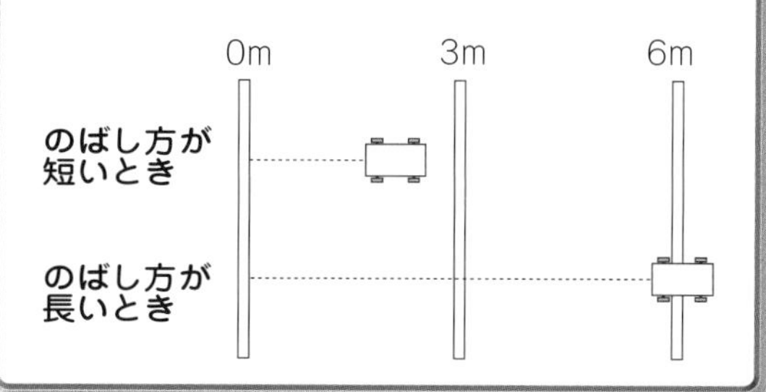

✪ ゴムの本数が多いほど，物を動かすはたらきは大きくなる。

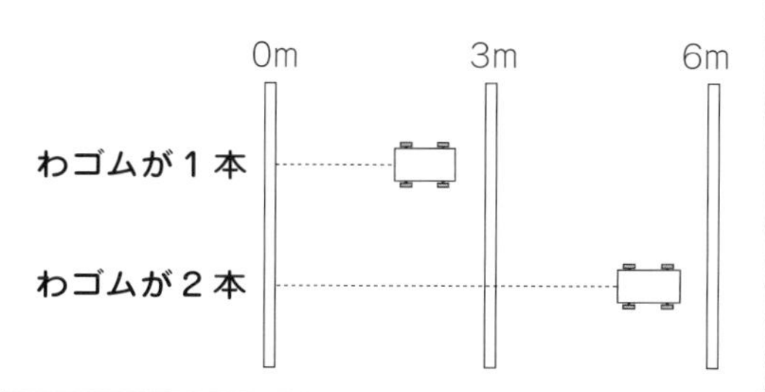

1 風のはたらき

1 考えよう

風のはたらきをり用したものには，どんな物があるでしょう。

正しいのは？

- Ａ やじろべえ・まわっているこま
- Ｂ 風車・たこあげ
- Ｃ ジェットコースター・観覧車

● 左の写真は，こいのぼりが泳いでいるようすです。風が強いときは，いきおいよく泳いでいますが，風が止んだり弱かったりすると，こいのぼりはたれ下がったままになります。

● こいのぼりが泳ぐのは，風に**物を動かすはたらき**があるからです。わたしたちのまわりには，風のはたらきをり用した物がたくさんあります。

● **風車・たこあげ・風りん・ウインドサーフィン**などは，どれも風のはたらきをり用しています。

答 Ｂ

風で動く車のつくり方

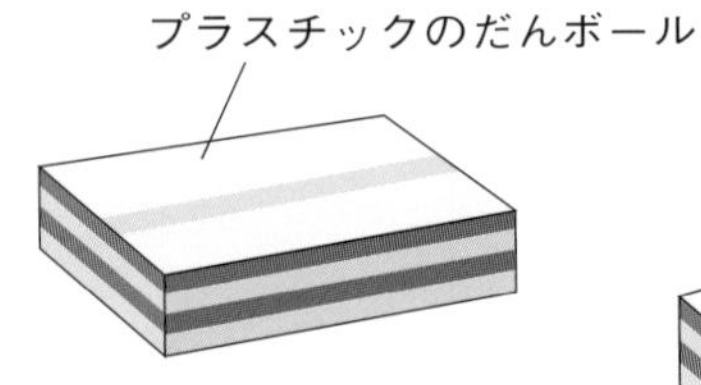

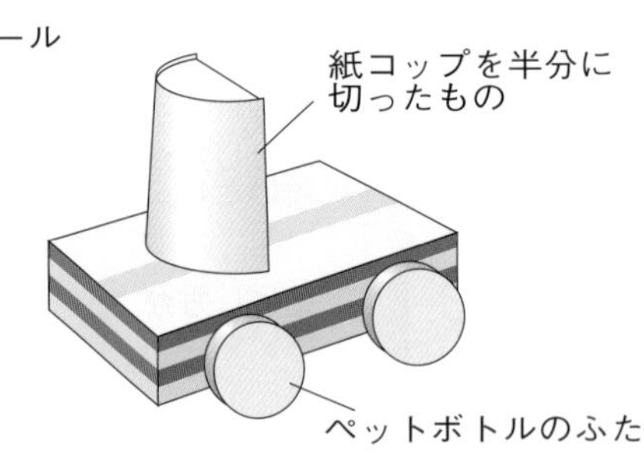

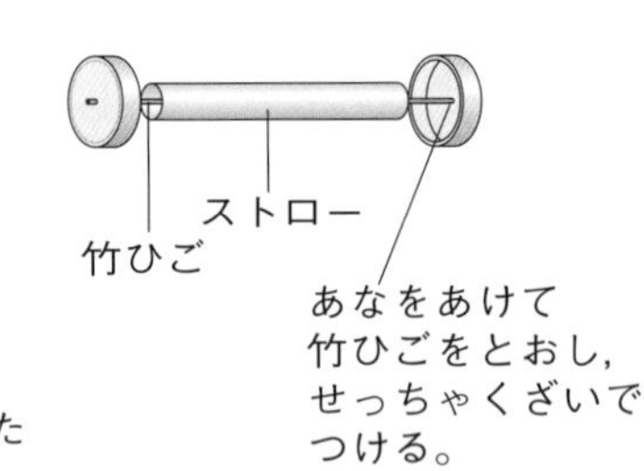

風車のつくり方

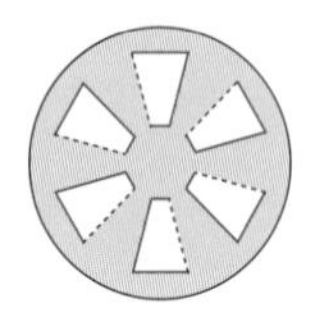

画用紙を丸く切り，左の赤い線のところを切りこみ，点線のところでおりこむ。

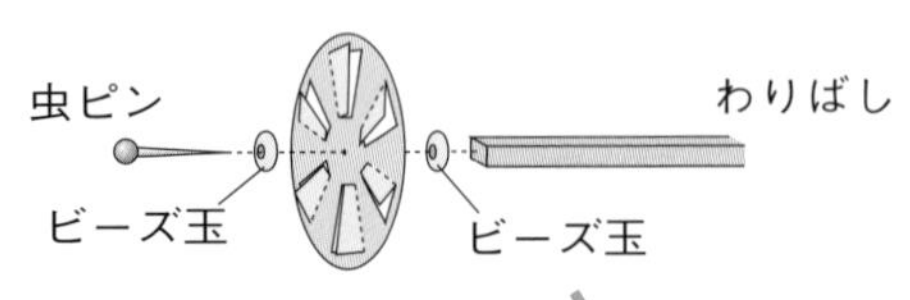

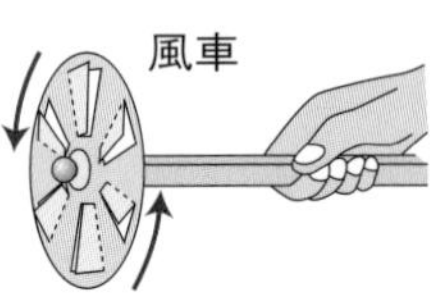

羽根のおりかたで右まわりになったり左まわりになったりする。

2 考えよう

ほがついた車に風を当てると，車はどのようになるでしょうか。

正しいのは？

A 風のふく向きとはんたいの向きに動く。
B 風のふく向きと同じ向きに動く。
C 動かない。

実験 右の図のような送風きを使って，風で動く車や風車に風を当て，車が動いたり風車がまわったりするかどうか調べてみましょう。

- 風がまっすぐに当たるようにすると，車は風がふく向きと同じ向きに動きます。
- 風車に風が当たると，風車がまわります。
- これらのことから，**風には物を動かすはたらきがある**ことがわかります。

答 B

3 考えよう

強い風を当てると，物の動き方は，どうなるでしょう。

正しいのは？

A ゆっくりと遠くまで動く。
B はやく遠くまで動く。
C 弱い風を当てたときとかわらない。

実験 風の強さをかえて，車の動くようすをくらべてみましょう。

○弱い風を当てる

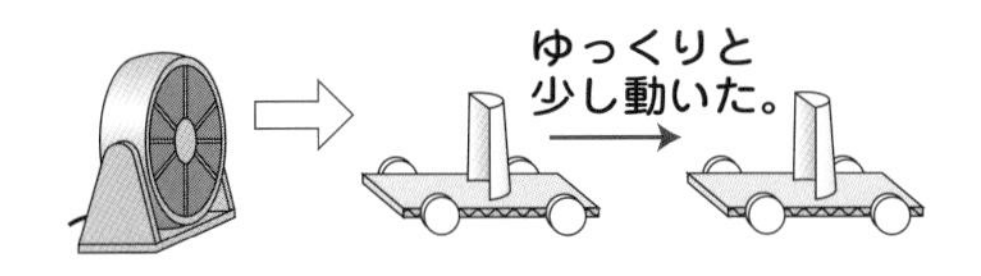

- 弱い風を当てたときは，ゆっくりと少し動きます。
- 強い風を当てたときは，弱い風を当てたときよりもはやく動き，動いたきょりは長くなります。
- **風の力が強いほど，物を動かすはたらきが大きくなる**といえます。

答 B

○強い風を当てる

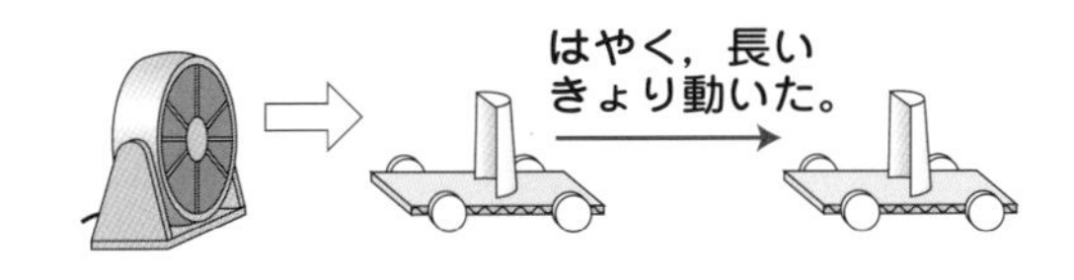

たいせつポイント

風を物に当てると，物を動かすことができる。
風が強いほど，物を動かすはたらきは大きくなる。

2 ゴムのはたらき

1 考えよう 身のまわりで，ゴムは，どんな所で使われているでしょう。

正しいのは？
- A はさみ・えんぴつ・じしゃく・ビニールなど。
- B 牛にゅうパック・プラスチックなど。
- C 体そう服のズボン・上ばきのそこなど。

バンジージャンプでもゴムを使う

● **ゴム**には，引っぱったり，ねじったりすると，**もとにもどろうとするはたらき**があります。

● ゴムのこのせいしつは，身のまわりのいろいろな物にり用されています。

● たとえば，体そう服のズボンのベルト部分には，ゴムが使われています。このゴムのはたらきでズボンがずり落ちるのをふせいでいます。また，上ばきのそこにはゴムが使われていて，足の動きに合わせて形がかわるようになっています。

答 C

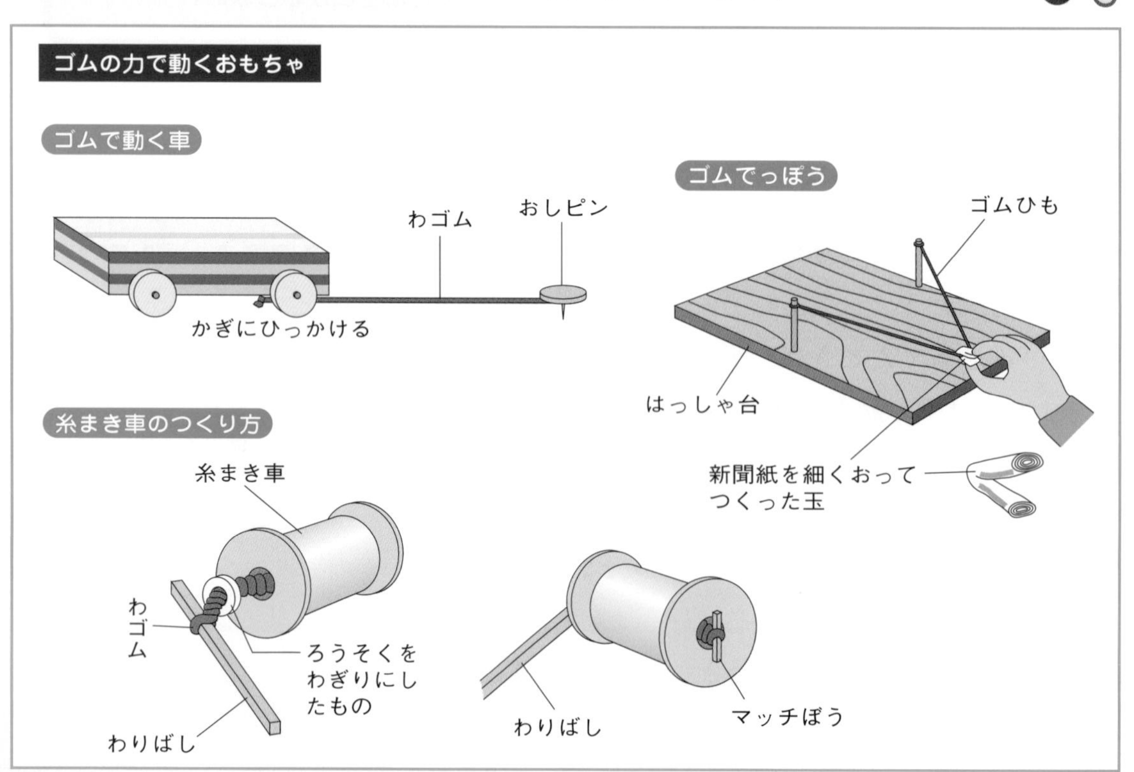

2 考えよう ゴムを長くのばすと，ゴムの物を動かす力はどうなるでしょう。

正しいのは？

Ⓐ 物を動かす力が小さくなる。
Ⓑ 物を動かす力が大きくなる。
Ⓒ 物を動かす力はかわらない。

実験 わゴムで動く車で，わゴムの長さをかえて動き方を調べましょう。

● わゴムを短くのばす

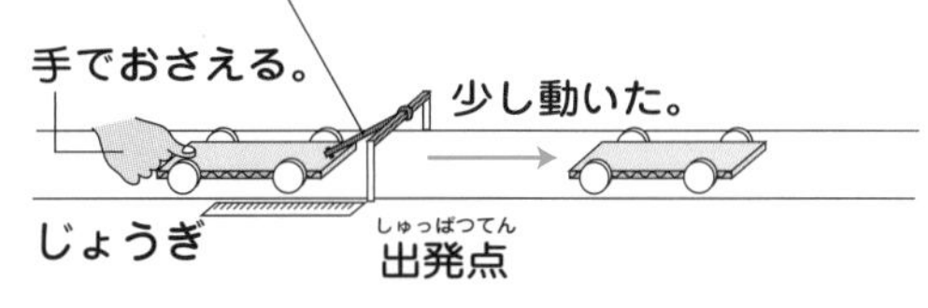

● わゴムを長くのばす

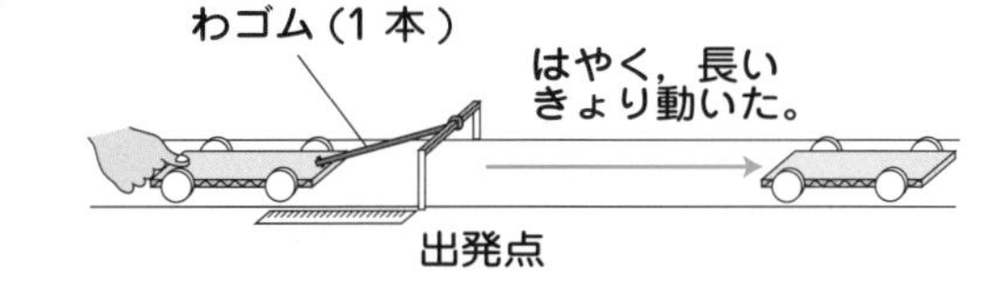

● わゴムを引っぱる長さが短いときは，車はゆっくりと動きます。

● わゴムを引っぱる長さが長いときは，車ははやく動き，動いたきょりは長くなります。

● このように，ゴムにも，風と同じように**物を動かす力**があり，**引っぱる長さをかえると，ゴムの力の強さがかわります。** 答 Ⓑ

3 考えよう ゴムの本数が多いと，ゴムの物を動かす力はどうなるでしょう。

正しいのは？

Ⓐ 物を動かす力は，大きくなる。
Ⓑ 物を動かす力は，小さくなる。
Ⓒ 物を動かす力は，かわらない。

実験 わゴムで動く車で，わゴムの本数をかえて動き方を調べましょう。

● わゴムが 1 本

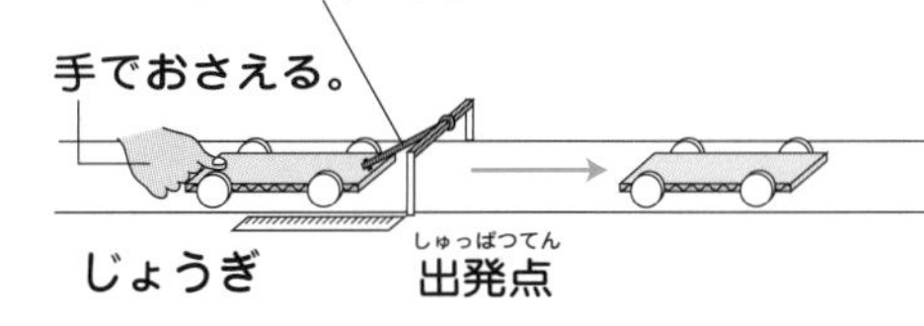

● わゴムが 2 本

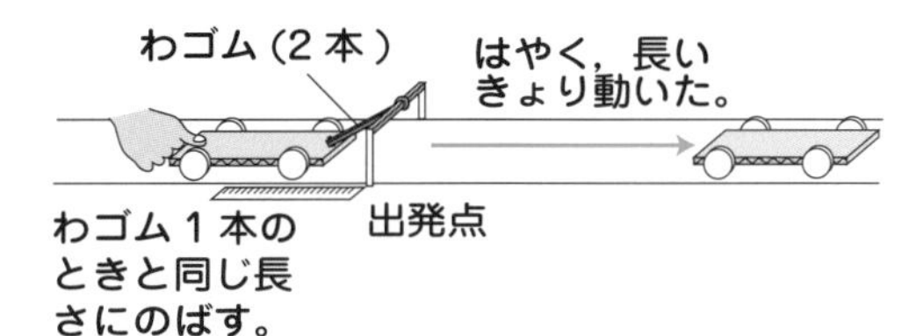

● わゴムが 1 本のときは，引っぱる力も弱く，車はゆっくりと少し動きます。

● わゴムが 2 本のときは，1 本のときよりも大きい力で引っぱらなければならず，車ははやく動き，動いたきょりは長くなります。

● このように，**ゴムの本数が多いほど，物を動かす力は大きく**なります。 答 Ⓐ

たいせつポイント

ゴムを長くのばすほど，物を動かすはたらきは大きくなる。
ゴムの本数が多いほど，物を動かすはたらきは大きくなる。

教科書のドリル

答え ➔ 別さつ11ページ

1 下の図のように，風車がまわっています。風はどちら向きにふいていますか。風のふいている向きの→についている記号で答えなさい。

（　　　）

ア ←―― ――→ イ

2 送風きで風をまっすぐに当てたとき，いちばんよく走る物はどれですか。ア，イ，ウの記号で答えなさい。

（　　　）

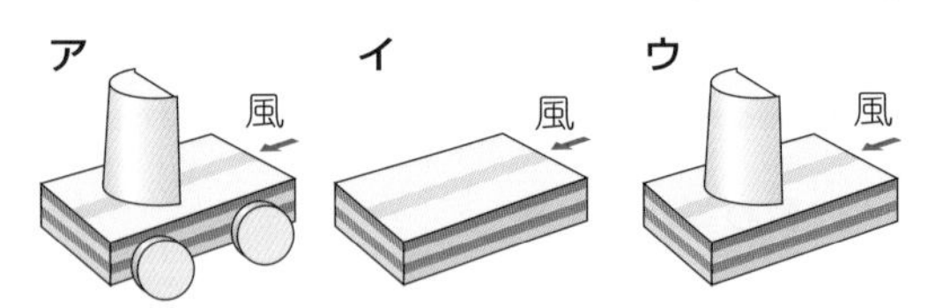

3 下の図のような風わをつくり，送風きでまっすぐに風を当てました。次の問いに記号で答えなさい。

(1) あまりまわらない風わはどれですか。（　　　）

(2) いちばんよくまわる風わはどれですか。（　　　）

ア

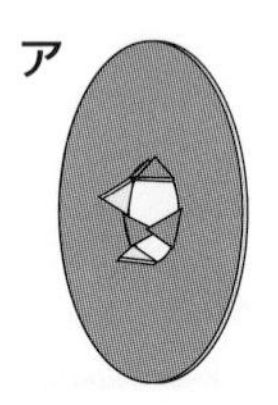

イ

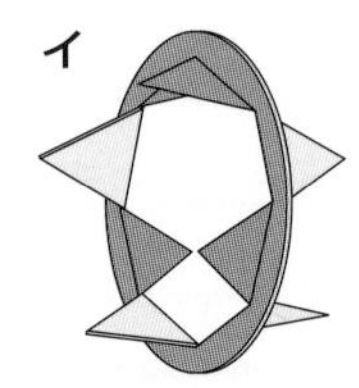

ウ

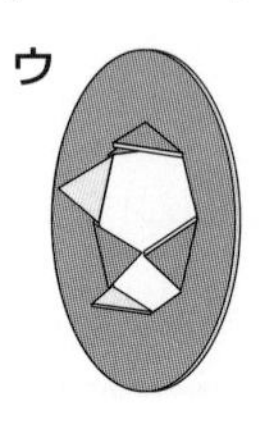

4 わゴムをのばすのには力がいります。次のア，イでは，どちらのほうが強い力がいりますか。記号で答えなさい。

（　　　）

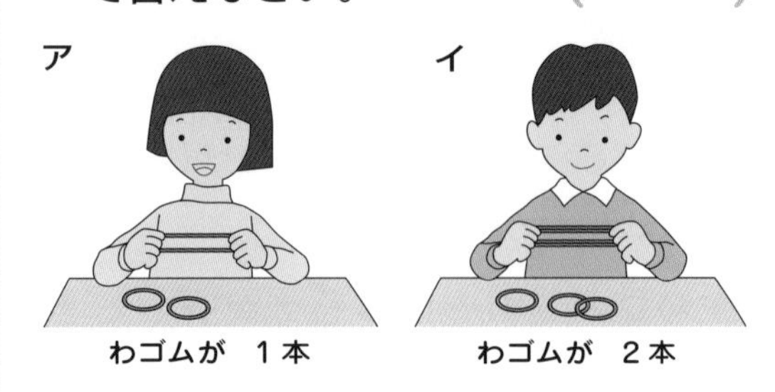

5 同じ大きさ，同じ太さのわゴムで，下の図のような紙玉てっぽうをつくりました。この2つのうち，よくとぶほうはどちらですか。ア，イの記号で答えなさい。

（　　　）

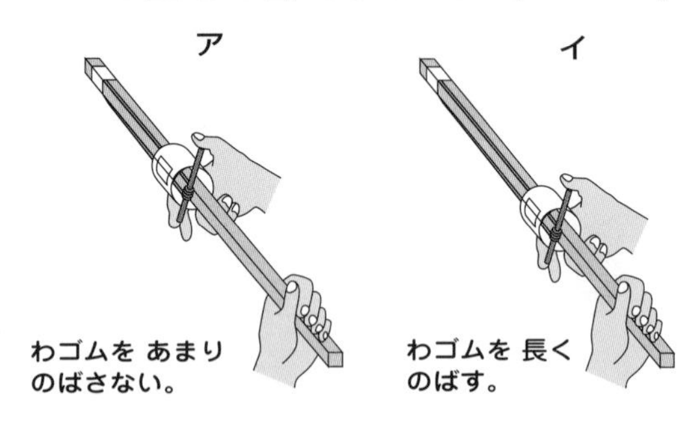

6 わゴムが１本と，わゴムが２本の糸まき車をつくりました。同じ回数だけまいたとき，どちらがよく動きますか。ア，イの記号で答えなさい。

（　　　）

ア

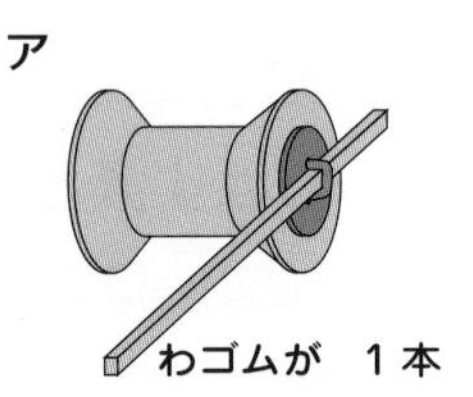

イ

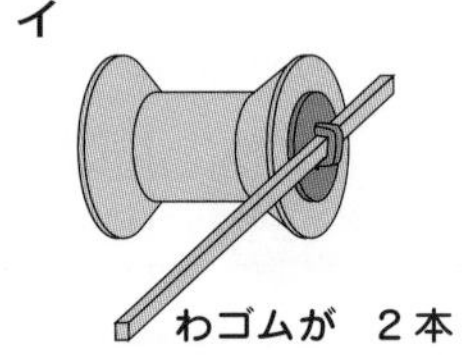

テストに出る問題

答え → 別さつ12ページ
時間15分　合格点80点　とく点　／100

1

次の図のような風で動く車をつくり，風がまっすぐに当たるようにして車を動かしました。また，右の表は，風の強さをいろいろにかえたときの車の動き方をまとめたものです。これについて，あとの問いに答えなさい。

［各10点…合計60点］

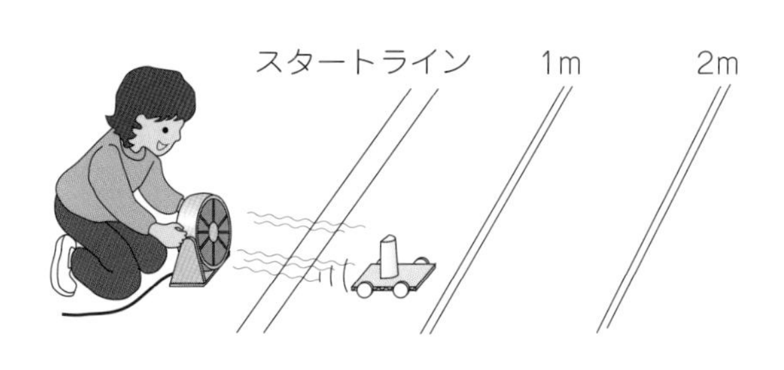

風の強さ	車の動いたきょり
㋐〔　　　〕	2m20cm
㋑〔　　　〕	3m30cm
㋒〔　　　〕	4m10cm

(1)　風を当てると，車の動きはどのようになりますか。次のア，イから1つえらび，記号で答えなさい。〔　　　〕

ア　風のふく向きと同じ向きに動く。

イ　風のふく向きとはんたい向きに動く。

(2)　上の表の㋐，㋑，㋒にあてはまることばを，右の□の中　弱　中　強　からえらんで，表の中に書き入れなさい。

(3)　風のはたらきについて，次の文の〔　　〕にあてはまることばを書き入れなさい。

「動く車に当てる風が〔　　　〕ほど，車は，はやく，〔　　　〕まで動く。」

2

わゴムの本数と，まく回数をかえて糸まき車をつくりました。これについて，次の問いにア，イ，ウ，エの記号で答えなさい。

［各20点…合計40点］

(1)　下の4つの中で，いちばんよく動く糸まき車はどれですか。〔　　　〕

(2)　下の4つの中で，いちばん動かない糸まき車はどれですか。〔　　　〕

ア

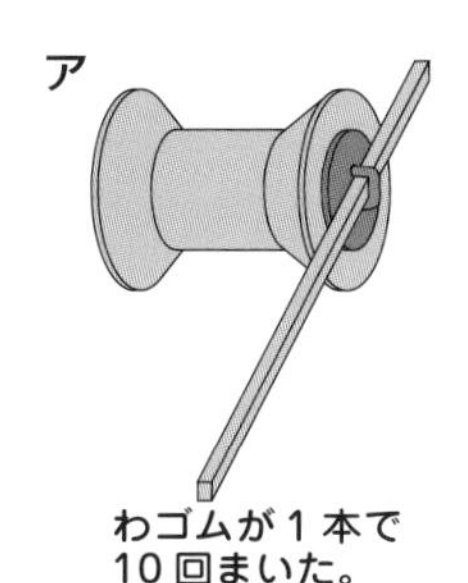

わゴムが１本で
10回まいた。

イ

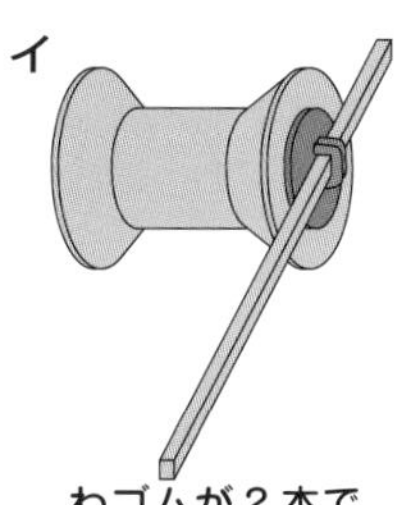

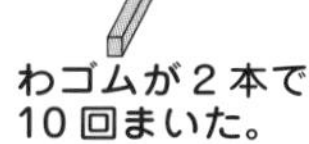

わゴムが２本で
10回まいた。

ウ

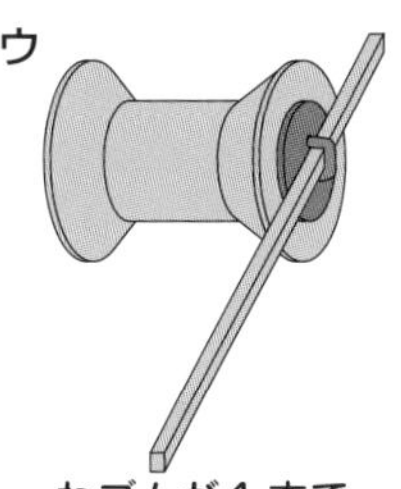

わゴムが１本で
30回まいた。

エ

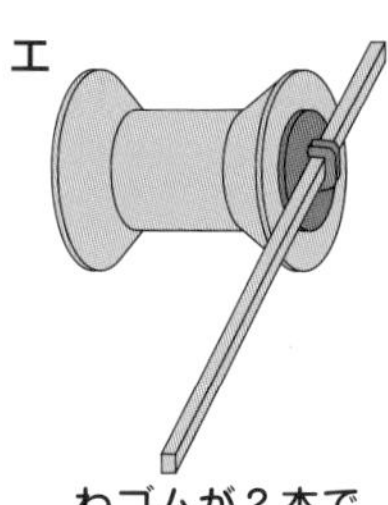

わゴムが２本で
30回まいた。

なるほど科学館

風の力で発電する

▶下の写真のような風車を見たことがありますか。これは風の力のはたらきをり用して大きな風車をまわし，電気をつくるそうちで，これを風力発電といいます。

▶風力発電は，世界のいろいろな所で見られるようになってきました。

▶風は，太陽の光(日光)と同じように，わたしたちの地球にはいくらでもあり，風力発電は，火力発電のように二さん化たんそを出すこともないので，かんきょうにやさしいクリーンエネルギーとして注目されています。

ゴムの木がある？

▶下の写真は，ゴムノキという植物の皮にきずをつけて，そこから流れ出るしるを集めているようすです。

▶むかしは，このしるをかためて消しゴムとして使っていたこともありました。

▶ただ，このゴムノキからつくった消しゴムはすぐにベトベトになるという欠点がありました。

▶いまではゴムは石油から人工てきにつくられたものが多くなり，わゴムや自動車のタイヤなど，いろいろなところで使われています。

ゴムノキは東南アジアにたくさんあるよ。

10 光と音を調べよう

☆ かがみではね返した日光は，まっすぐに進む。

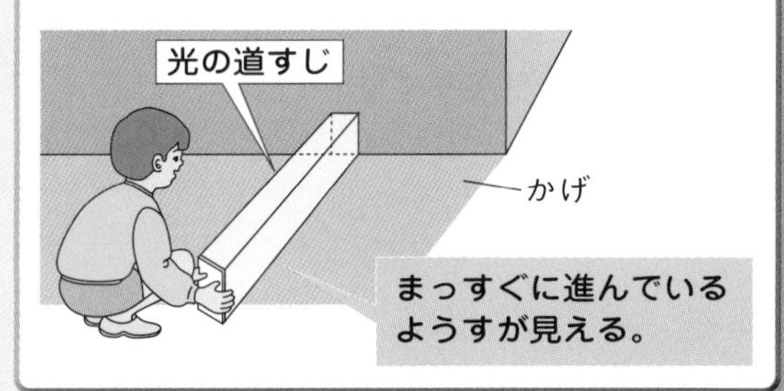

☆ はね返した日光が当たった所は，明るくてあたたかい。

☆ はね返した日光を多く重ねるほど，明るくなり，温度が上がる。

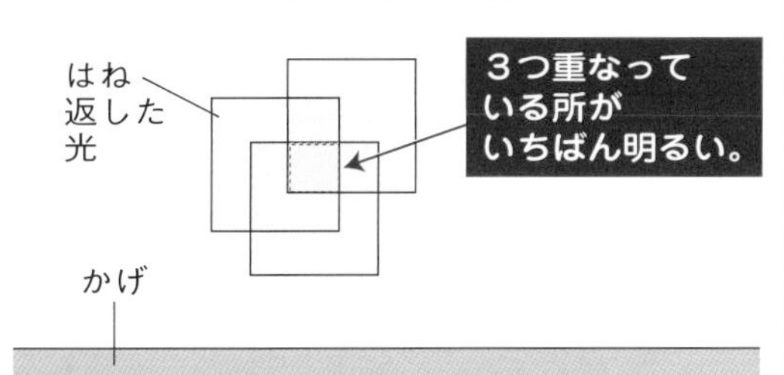

☆ 虫めがねで日光を小さく集めるほど，明るくなり，温度が上がる。

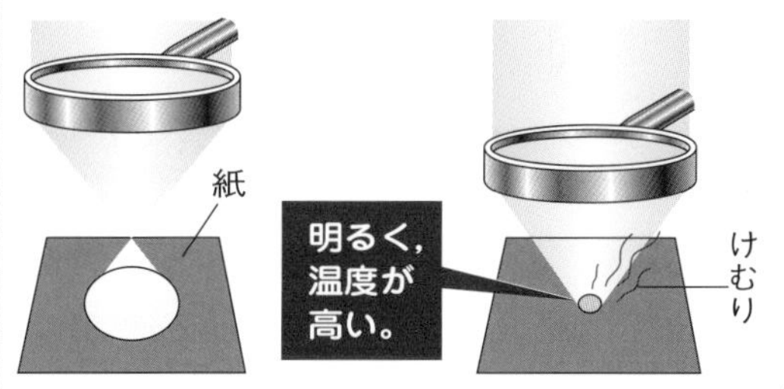

☆ 大きい虫めがねのほうが，多くの日光を集められる。

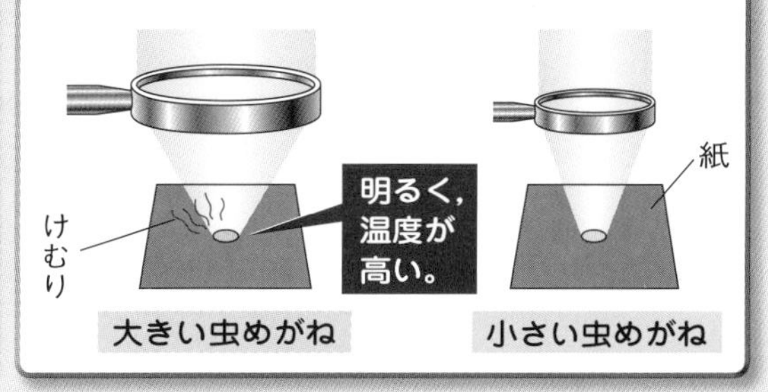

☆ 音が出ているものはふるえている。

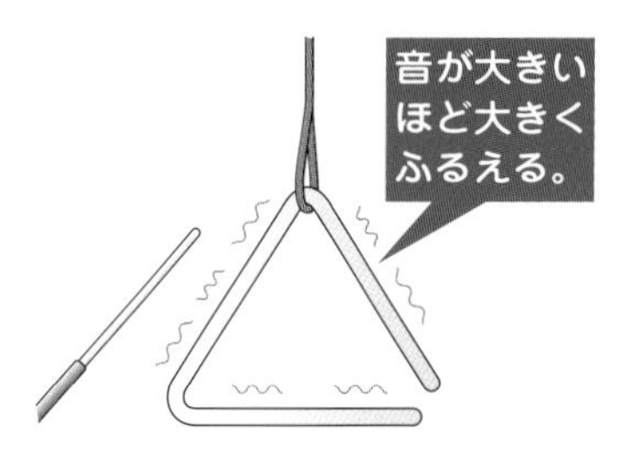

1 はね返った日光

1 考えよう

日光は，とちゅうでおれ曲がったり，切れたりするでしょうか。

正しいのは？

A おれ曲がったり，切れたりしない。
B おれ曲がるが，切れはしない。
C 切れるが，おれ曲がりはしない。

● 左の写真のように，雲の間から日光のすじが見えることがあります。この日光のすじは，空から地面へと，まっすぐにのびています。

● このように，日光は，とちゅうでおれ曲がったり，切れたりせずに，まっすぐに進んでいきます。

答 A

2 考えよう

かがみの向きをかえると，はね返した日光はどうなるでしょう。

正しいのは？

A 向きをかえる前とかわらない。
B かがみと同じ向きに動いていく。
C かがみと反対向きに動いていく。

実験 かがみの向きを少しずつかえて，はね返した日光がどうなるか調べます。

● 日光は，かがみに当たるとはね返ります。はね返した日光をかべなどに当てると，はね返した日光が当たっている所だけが明るくなります。

● このとき，かがみを少し右に向けると，はね返した日光も右に動き，かがみを少し左に向けると，はね返した日光も左に動きます。

答 B

3 考えよう　はね返った日光は，どのように進むでしょうか。

正しいのは？
- A まっすぐに進む。
- B 進む道すじが見えないので，わからない。
- C はね返す物によってちがう。

実験 かがみではね返した日光を，地面にはわせてみよう。

● かがみを地面におき，はね返った光が地面をはって進むようにすると，**光の道すじ**がよく見えます。

● これを見ると，はね返った日光は**まっすぐに進んでいる**ことがわかります。

● かがみの向きをかえると，まっすぐに進む向きもかわります。

答 A

4 考えよう　はね返した日光の道すじのとちゅうにボールをおくとどうなる。

正しいのは？
- A 光がボールを通りぬける。
- B ボールとかがみの間にかげができる。
- C ボールの向こうがわにかげができる。

実験 かがみではね返した日光の道すじのとちゅうに，ボールをおいてみます。

● 実けんのけっか，ボールの向こうがわに，**かげ**ができます。

● このことから，かがみで**はね返した日光を物でさえぎってもかげができる**ことがわかります。

答 C

はね返した日光でできるかげ

たいせつポイント　はね返った日光 ｛ まっすぐに進む。／物でさえぎると，かげができる。

5 考えよう はね返した日光をまたはね返すことができるのでしょうか。

正しいのは？

Ⓐ 一度はね返した光は，はね返せない。

Ⓑ もう一度だけならはね返せる。

Ⓒ 何度でもはね返せる。

実験 かがみではね返した日光を，さらにべつのかがみに当ててみます。

● かがみではね返した日光をべつのかがみに当てると，そこでも，日光ははね返されます。

● はね返すかがみを，２まい，３まいとふやしても，**日光は何度でもはね返されます。**

答 Ⓒ

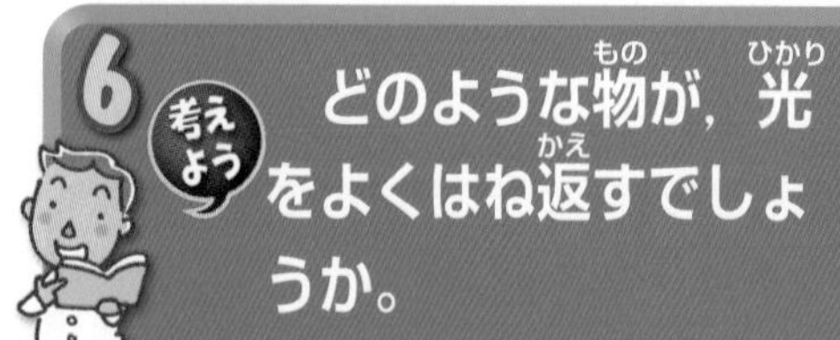

6 考えよう どのような物が，光をよくはね返すでしょうか。

正しいのは？

Ⓐ 表面が光っている物は，はね返す。

Ⓑ すき通って見える物は，はね返す。

Ⓒ こいかげができる物は，はね返す。

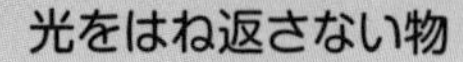

光をはね返さない物		
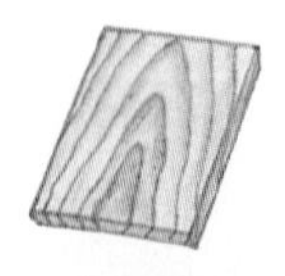		
木の板	黒い画用紙	だんボール
光をはね返す物		

金ぞくの板	アルミニウムはく	かがみ

光をはね返す物とはね返さない物

● 光を通さない物に日光が当たると，**こいかげ**ができます。では，当たった光は，はね返されているのでしょうか。

● 光を通さないからといって，光をはね返すとはかぎりません。黒い紙やだんボール，木の板などは，こいかげができますが，光をはね返しません。

● しかし，こいかげをつくる物でも，かがみやアルミニウムはく，金ぞくの板のように，**表面が光っている物**は，光をよくはね返します。

答 Ⓐ

たいせつポイント

日光 { 何度でもはね返せる。
表面が光っている物で，はね返せる。

2 光の重ね合わせ

1 考えよう かがみではね返した日光が当たった所はあたたかいでしょうか。

正しいのは？

Ⓐ 当たらなかった所より，つめたい。
Ⓑ 当たらなかった所と，かわらない。
Ⓒ 当たらなかった所より，あたたかい。

実験 かがみで日光をはね返し，光が当たった所と，当たっていない所とに手をおいて，あたたかさをくらべてみましょう。

● 実けんのけっかは，

① 光が当たった所に手をおくと，あたたかく感じます。

② しかし，光が当たっていない所は，つめたく感じます。

● このように，かがみで日光をはね返すと，明るさとともに，あたたかさもはね返されるのです。　答 Ⓒ

2 考えよう はね返した日光を重ねると，明るさはどうなるでしょうか。

正しいのは？

Ⓐ 光を重ねるほど，暗くなる。
Ⓑ 光を重ねるほど，明るくなる。
Ⓒ 光を重ねても，明るさはかわらない。

● 日かげのかべに，かがみで日光をはね返して当てると，まわりより明るくなります。

● そのとき，かがみの数をふやし，はね返した**光を重ね合わせる**と，さらに明るくなります。

● 重ね合わせる光の数がふえるほど，明るさは，明るくなります。　答 Ⓑ

3 考えよう はね返した日光を重ねると，あたたかさはどうなるでしょう。

正しいのは？

- A 光を重ねるほど，あたたかくなる。
- B 光を重ねるほど，つめたくなる。
- C 光を重ねても，あたたかさは同じ。

実験 日光をはね返した所に，えきだめを黒いぬのでつつんだ温度計をおき，あたたかさをくらべてみましょう。

● 実けんのけっかは，

① はね返した日光が当たった所は，当たらなかった所よりも，**温度が高くなります。**

② かがみを２まい，３まいとふやし，**光を重ねる数を多くするほど，温度は高くなっていきます。**

答 A

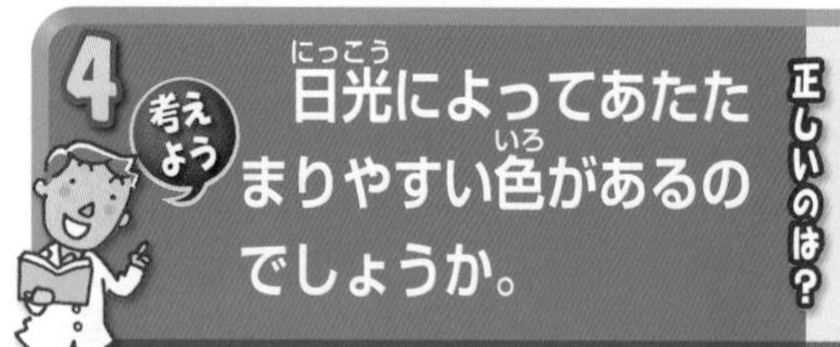

4 考えよう 日光によってあたたまりやすい色があるのでしょうか。

正しいのは？

- A 白があたたまりやすい。
- B どんな色もあたたまり方は同じ。
- C 黒があたたまりやすい。

● 白は日光をはね返し，**あたたまりにくい色**です。

● いっぽう，黒は日光をすいとり，**あたたまりやすい色**です。

● 日ざしの強い夏に白っぽい服を着るのは，日光をはね返し，少しでもすずしくするためです。また，日ざしの弱い冬に黒っぽい服を着るのは，日光をすいとり，少しでもあたたかくするためです。

答 C

たいせつポイント 日光を重ねるほど｛明るくなる。温度は高くなる。

3 光を集めよう

1

考えよう　虫めがねで日光を集めると，明るさはどうなるでしょうか。

正しいのは？
- A 明るい所が小さくなるほど明るくなる。
- B 明るい所が小さくなるほど暗くなる。
- C 明るさはいつも同じ。

実験　黒い紙に虫めがねを近づけていき，明るい所の明るさを調べましょう。

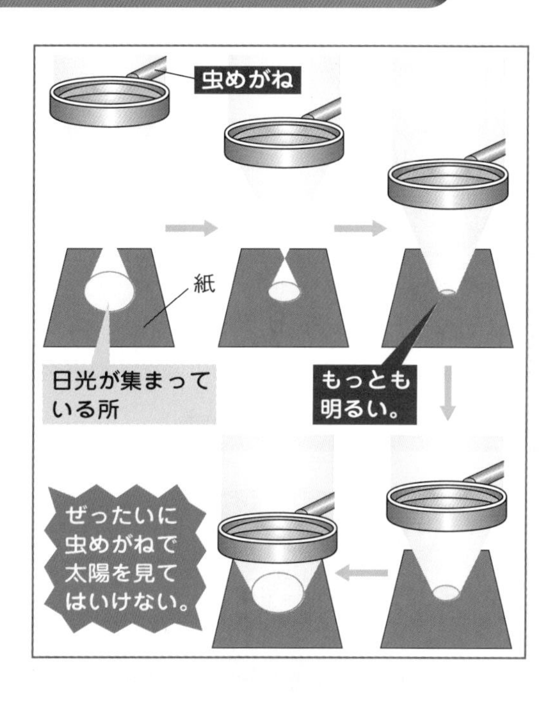

● **虫めがね**を使うと，**日光を集める**ことができます。

● **黒い紙**に遠くから虫めがねを近づけていくと，**明るい所の大きさが小さくなっていきます**。そして，小さくなるのと同時に，明るい所がもっと**明るくなっていきます**。

● さらに近づけると，明るい所の大きさは大きくなっていき，明るさは暗くなっていきます。

答 A

2

考えよう　虫めがねで日光を集めると，明るい所の温度はどうなるでしょう。

正しいのは？
- A 温度はかわらない。
- B 温度はひくくなる。
- C 温度は高くなる。

● 虫めがねで黒い紙に日光を集めつづけます。しばらくすると，**紙がこげて，けむりが出はじめます**。

● 虫めがねを動かして，日光を小さく集めるほど，早く紙がこげます。

● このように，虫めがねで日光を集めると，日光が集まった所の温度は，とても高くなります。

答 C

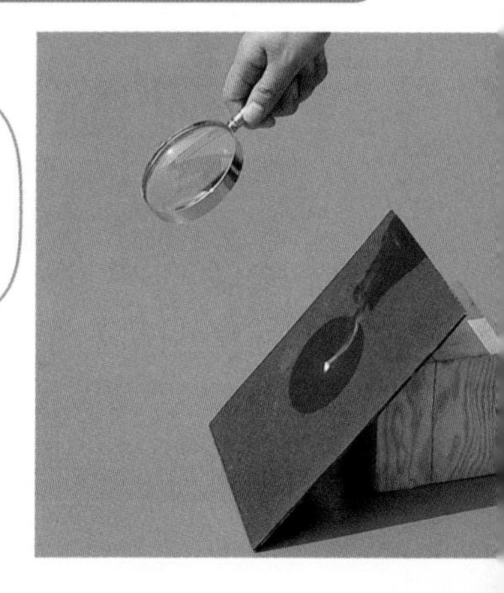

3 考えよう 虫めがねの大きさによって，集められた光の明るさはかわる？

正しいのは？

A 虫めがねが大きいほど，暗くなる。
B 虫めがねが大きいほど，明るくなる。
C 明るさはかわらない。

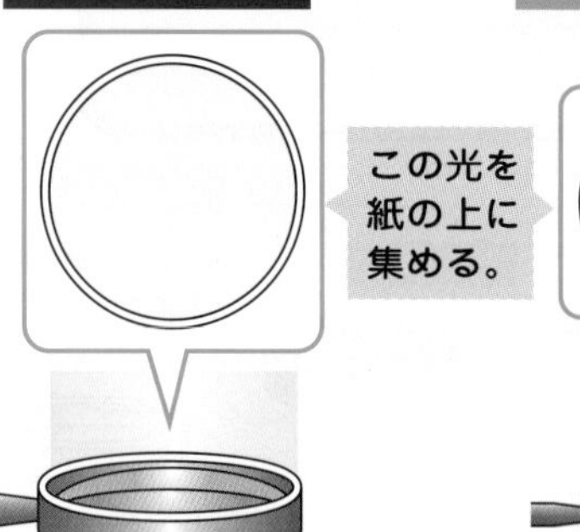
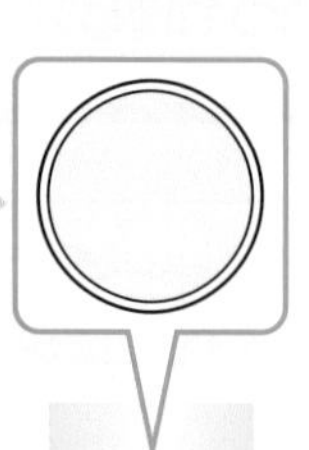

実験 大きい虫めがねと小さい虫めがねを使って，同じ大きさに日光を集め，明るさをくらべましょう。

● 実けんのけっか，**大きい虫めがね**で日光を集めたものの方が明るくなります。

● 虫めがねは，**レンズ**にまっすぐにきた日光を集めます。大きい虫めがねの方が，**日光の当たる部分が広い**ため，その分，**多くの日光を集められます。**

答 B

4 考えよう 虫めがねの大きさによって，明るい所の温度はどうなるでしょう。

正しいのは？

A 大きいほど，温度がひくくなる。
B 大きいほど，温度が高くなる。
C 温度はかわらない。

● 大きい虫めがねと小さい虫めがねを使って，同じ大きさに日光を集めて，黒い紙がこげはじめるまでの時間をくらべます。

● すると，**大きい虫めがね**の方が**早く紙がこげはじめます。**

● 大きい虫めがねの方が**多くの日光を集める**ので，光が当たった所の温度は，早く高くなるのです。

答 B

たいせつポイント 虫めがね
日光を小さく集めるほど，明るくなる。
日光を小さく集めるほど，温度が高くなる。

4 音のせいしつ

1 考えよう 音が出ている物は，ふるえているのでしょうか。

正しいのは？
- A ふるえている。
- B ふるえていない。
- C ふるえる物とふるえない物がある。

実験 トライアングルをたたき，そのトライアングルに指先で軽くふれてみましょう。

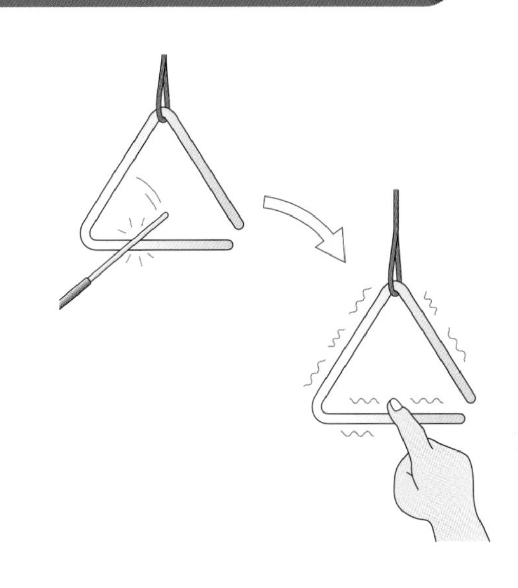

● 実けんのけっかは，たたいて音が出ているトライアングルに指先で軽くふれると，トライアングルがふるえていることがわかります。

● このように，音が出ているとき，物はふるえています。

答 A

2 考えよう 音が出ている物を，手で強くにぎると，音はどうなるでしょう。

正しいのは？
- A ふるえは止まるが音は出つづける。
- B ふるえつづけて音も出つづける。
- C ふるえが止まり，音も止まる。

実験 音が出ているトライアングルを強く手でにぎると，音はかわるのでしょうか。

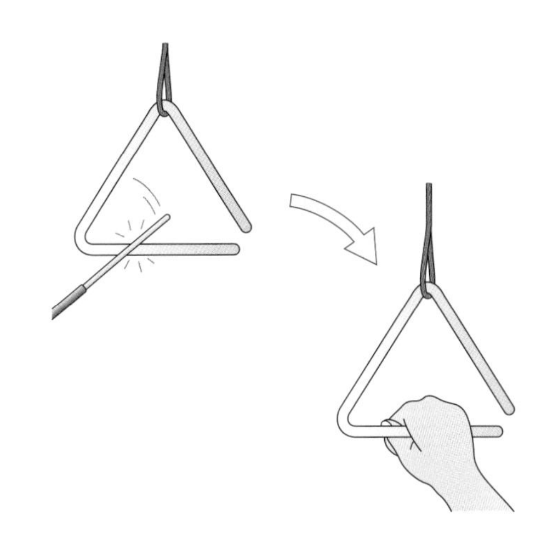

● 実けんのけっかは，音が出ているトライアングルを強く手でにぎると，ふるえが止まり，音は聞こえなくなります。

● 音が出ている物はふるえています。手でおさえるなどしてふるえを止めると，音も止まります。

答 C

3 考えよう 大きな音を出したとき，物のふるえ方はかわるのでしょうか。

正しいのは？

A 音が大きいとふるえ方も大きくなる。

B 音が大きいとふるえ方は小さくなる。

C 音が大きくなってもふるえ方は同じ。

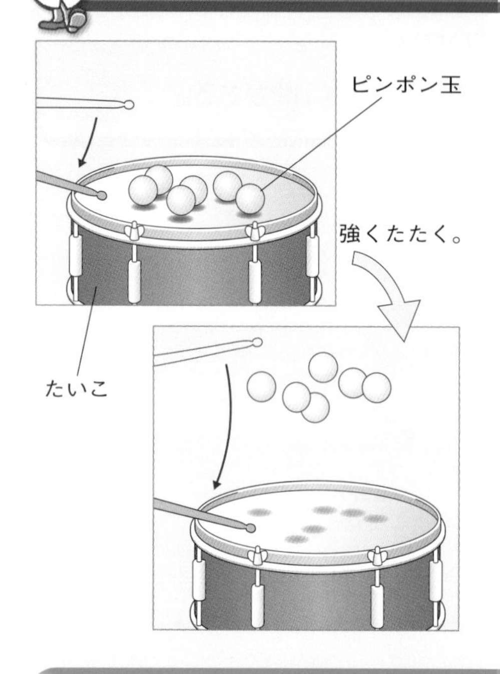

実験 たいこを強くたたくと，音の大きさとたいこの上にのせたピンポン玉のはずみ方はどのようにかわるのでしょうか。

- 実けんのけっかは，たいこを強くたたいて大きな音を出すとき，たいこの上にのせたピンポン玉は，より大きくはずみます。
- **音の大きさ**がかわると，物のふるえ方もかわります。音が大きいほど，ふるえ方も大きくなります。

答 A

4 考えよう 糸電話をいくつかつなぐと，みんなに声はとどくでしょうか。

正しいのは？

A 一つの糸電話だけにとどく。

B つながっている全部の糸電話にとどく。

C どの糸電話にもとどかない。

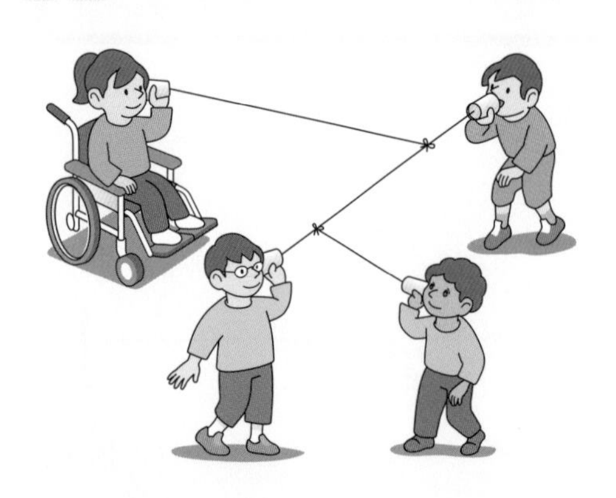

- 糸電話をいくつかつなぎ，糸をぴんとはっておくと，つながっているすべての糸電話に声をとどけることができます。
- 物のふるえがつたわれば，鉄ぼうや黒板でもはなれた場所に音はつたわります。

答 B

たいせつポイント

- 音が出ている物はふるえている。
- 音が大きい物ほど，もののふるえ方は大きくなる。

教科書のドリル

答え ➜ 別さつ12ページ

1 かがみで日光をはね返し，日かげのかべに当てました。

(1) かがみを動かすと，かべに当てた光はどうなりますか。（　　）

ア　動く　　　　イ　動かない

(2) かべに当てた光を，図の上（矢じるしの向き）に動かすには，かがみをどのようにすればいいですか。（　　）

ア　少し上に向ける。
イ　少し下に向ける。
ウ　少し右に向ける。
エ　少し左に向ける。

(3) もう１まいかがみを使って，右のように光を重ねました。このとき，いちばん明るいのは，ア～ウのどこですか。（　　）

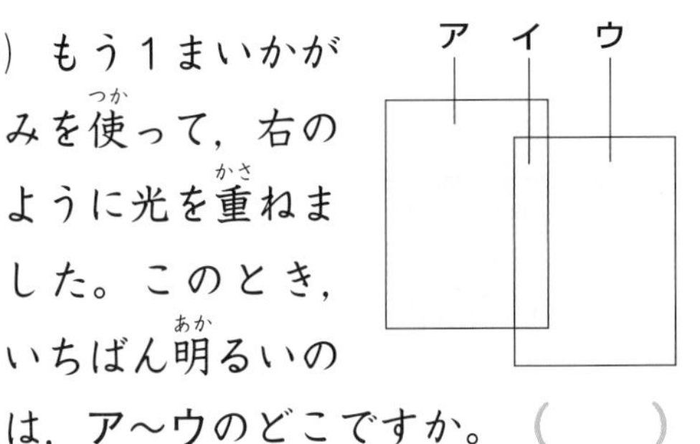

(4) (3)のように光を重ねたとき，いちばんあたたかいのは，ア～ウのどこですか。（　　）

2 次の図のように，同じ大きさの虫めがねを使って，黒い紙に日光を集めました。

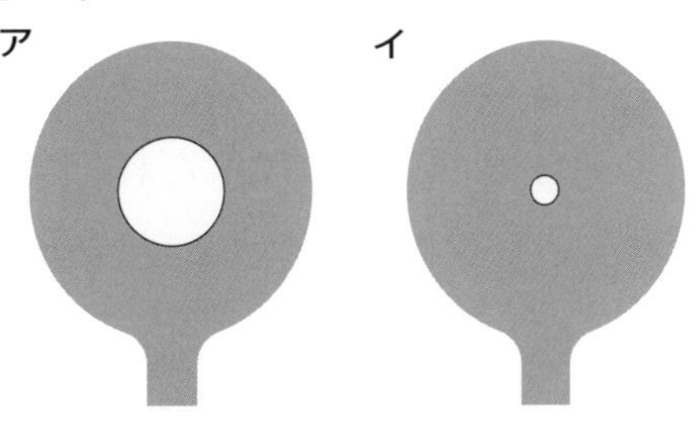

(1) 日光が集まっている所が明るいのは，どちらですか。（　　）

(2) 紙がこげはじめるのはどちらですか。（　　）

3 トライアングルをぼうでたたいて音を鳴らしました。

(1) 音が出ているときのトライアングルはどうなっていますか。（　　）

ア　ふるえている。
イ　ふるえていない。

(2) トライアングルを強くぼうでたたいて大きな音を出したとき，小さな音を出したときとくらべてトライアングルのふるえ方はどうなりますか。（　　）

ア　大きくなる。
イ　小さくなる。
ウ　かわらない。

テストに出る問題

答え → 別さつ13ページ
時間30分　合格点80点　とく点　／100

1　Aくん，Bくん，Cさん，Dさんの４人が，かがみを使って，はね返した日光を，かげになったかべに当てるきょうそうをしました。下の図は，そのときの様子です。　［６点ずつ…合計18点］

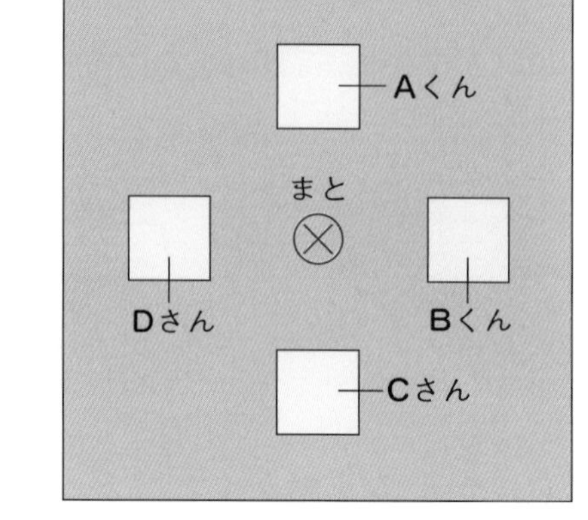

(1)　まとに当てるために，かがみをもう少し上に向けるとよいのは，だれですか。

〔　　　〕

(2)　まとに当てるために，かがみをもう少し右に向けるとよいのは，だれですか。

〔　　　〕

(3)　CさんがAくんのかがみの前にえんぴつを１本出し，Aくんがはね返した光のまん中にえんぴつのかげをつくりました。えんぴつのかげが動かないようにしながら，少しずつえんぴつをかべに近づけると，えんぴつの動いたあとはどうなりますか。　〔　　　〕

ア　まっすぐになる。　　　イ　とちゅうで曲がる。

2　右の図は，かがみではね返した日光をかべに当てているようすです。次の問いに答えなさい。　［7点づつ…合計28点］

(1)　ア～エの中で，いちばん明るい部分はどこですか。　〔　　　〕

(2)　ア～エの中で，同じ明るさの所があります。どことどこですか。

〔　　と　　〕

(3)　エの部分には，何まいのかがみではね返した光が重なっていますか。

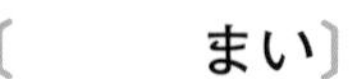

〔　　　まい〕

(4)　ア～エに，えきだめを黒いぬのでつつんだ温度計を，５分間ずつおきました。温度がいちばん上がるのは，どの部分ですか。　〔　　　〕

3 右の図のように，虫めがねと紙の間のきょりをかえて，虫めがねで日光を集めました。次の問いに答えなさい。

［６点ずつ…合計36点］

(1) 上の図の①と②のとき，明るい部分はそれぞれどうなっているでしょうか。右のア，イから，えらびなさい。

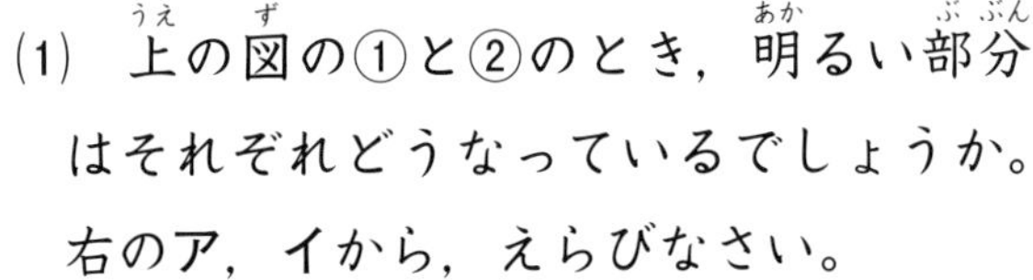

①〔　　　〕②〔　　　〕

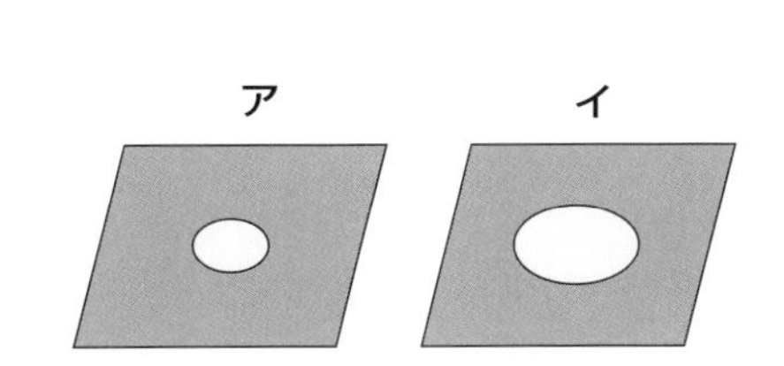

(2) ①～③のうち，光が当たっている所がいちばん明るいのはどれですか。また，光が当たっている所の温度がいちばん高くなるのはどれですか。

明るさ〔　　　〕 温度〔　　　〕

(3) もっと大きい虫めがねを使って，上の③と同じ大きさに光を集めました。このとき，光が当たっている所の明るさと温度は，③とくらべてどうですか。

明るさ〔　　　　〕 温度〔　　　　〕

4 右の図のように，糸電話を使ってはなれた相手と話をしています。次の問いに答えなさい。

［６点ずつ…合計18点］

(1) 糸をたるませると，話し声は相手につたわりますか。〔　　　〕

ア　つたわる。　イ　つたわらない。

(2) 話す声を大きくすると，糸のふるえ方はどうなりますか。〔　　　〕

ア　大きくなる。　イ　小さくなる。　ウ　かわらない。

(3) 話しているときに糸を指でつまむと，聞こえていた声はどうなりますか。

〔　　　〕

ア　聞こえていた声の大きさが大きくなる。

イ　聞こえていた声の大きさが小さくなる。

ウ　聞こえていた声の大きさは糸をつまむ前とかわらない。

エ　聞こえなくなる。

なるほど科学館

太陽ねつ温水き

▶屋根の上に，左の写真のような物がとりつけられているのを見たことがあるでしょう。これは，太陽のねつによって，水をあたためて湯にするそうちで，太陽ねつ温水きといいます。

▶太陽ねつ温水きは，黒くぬった細いくだの中に水を入れ，日光によって，中の水をあたためるしくみになっています。

▶そして，日ざしの強い夏などには，70～80℃もの温度にまですることができます。

▶太陽ねつ温水きでは，物をもやしたりしないので，はいガスで空気をよごすことがありません。

▶日光は，クリーンエネルギー（きれいなエネルギー）の代表せん手なのです。

世界一の太陽ろ

▶日光をかがみではね返すと，明るさだけでなく，あたたかさもはね返ります。

▶そこで，たくさんのかがみではね返した光を１か所に集め，ひじょうに高い温度になるようにしたそうちが太陽ろです。

▶下の写真は，世界でいちばん大きな太陽ろで，フランスのピレネーの山の中につくられています。この太陽ろでは，9600まいものかがみが使われていて，光が集まる所は，3500℃いじょうの高い温度になるそうです。

太陽のエネルギーってすごいんだね。

11 豆電球に明かりをつけよう

教科書のまとめ

★かん電池の＋きょく・豆電球・かん電池の－きょくがどう線でつながり，１つのわのようになると，電気が流れて豆電球がつく。

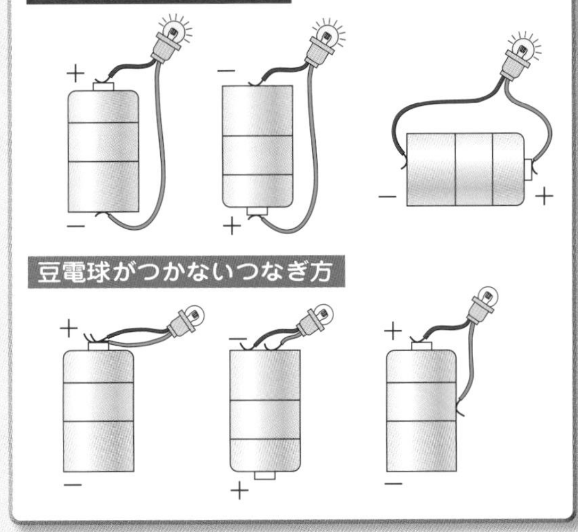

★鉄やどうなど，金ぞくでできている物は電気を通すが，木やプラスチック・ゴムなどでできている物は電気を通さない。

電気を通さない物 … 木・プラスチック・ゴム・紙など

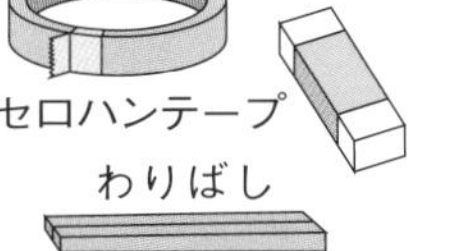

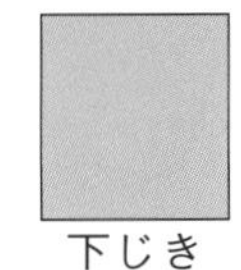

★電気の通り道のわがとちゅうで切れると，豆電球はつかない。

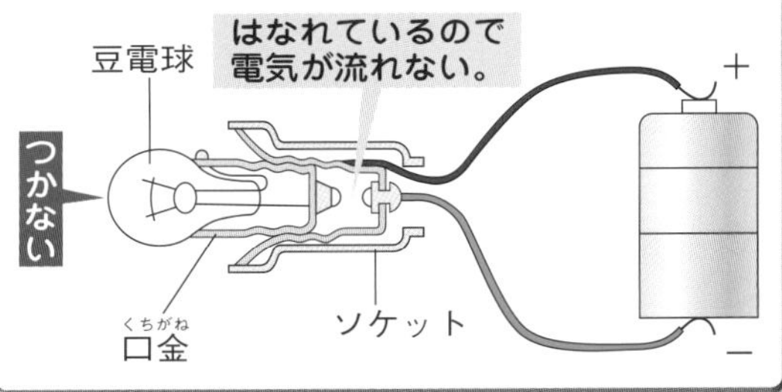

★どう線は，まわりの部分をはいで，中の金ぞく線をねじってつなぐ。

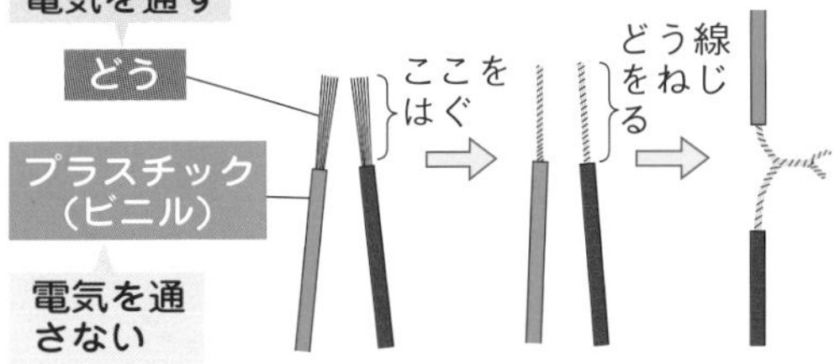

1 豆電球とかん電池のつなぎ方

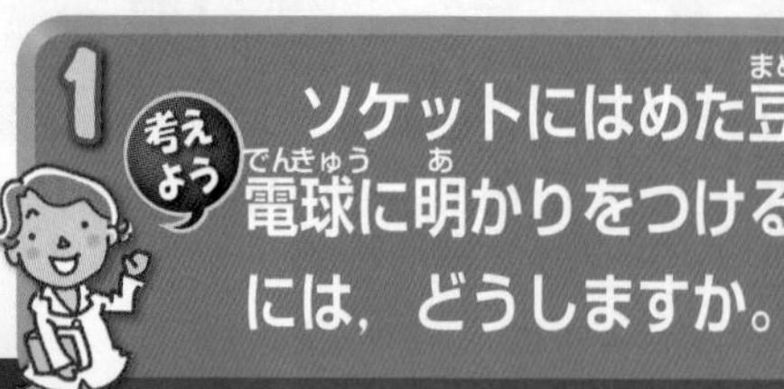

1 考えよう　ソケットにはめた豆電球に明かりをつけるには，どうしますか。

正しいのは？

Ⓐ どう線を２本とも＋きょくにつなぐ。
Ⓑ どう線を２本とも－きょくにつなぐ。
Ⓒ ＋きょくと－きょくに１本ずつつなぐ。

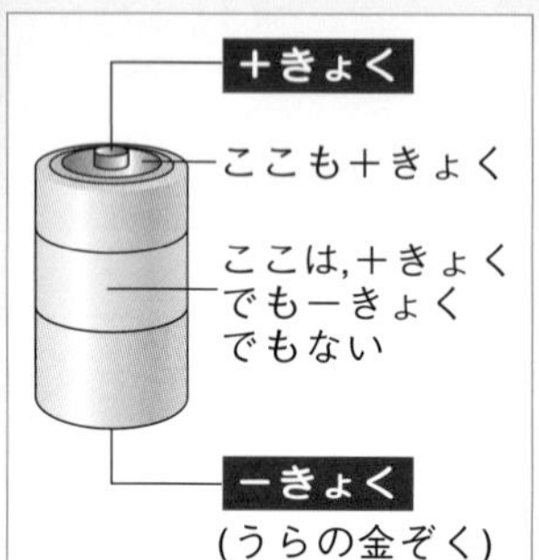

実験 豆電球をソケットにはめ，２本のどう線をかん電池の＋きょくや－きょくにつなぎます。いろいろなつなぎ方をして，豆電球がつくか調べましょう。

● **豆電球に明かりがつく**のは，

① １本のどう線をかん電池の**＋きょく**に，もう１本のどう線をかん電池の**－きょく**につないだときだけです。

② そのとき，**かん電池の＋きょく・豆電球・かん電池の－きょく**がどう線でつながっていて，電気の通り道は**１つのわ**になっています。

答 Ⓒ

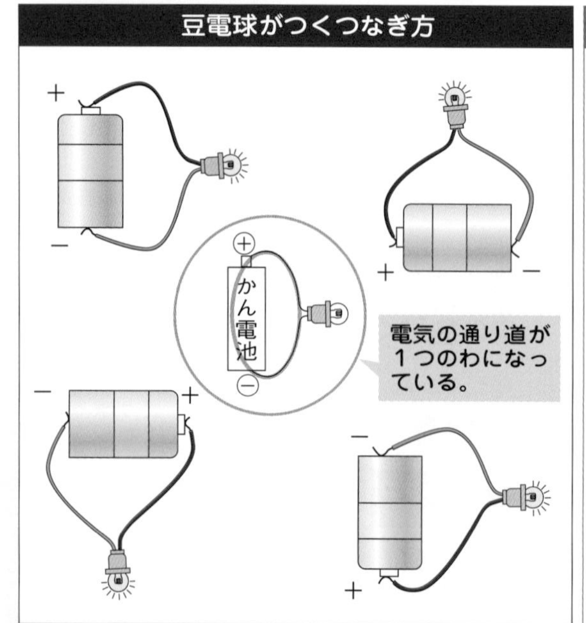

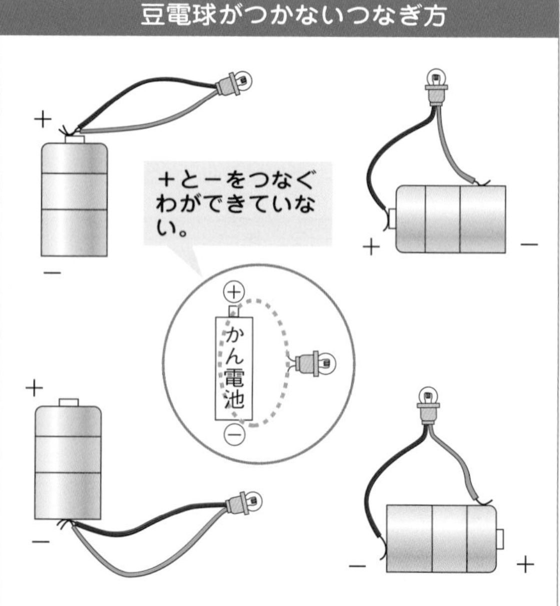

2 考えよう ソケットの豆電球をゆるめると明かりが消えました。なぜですか。

正しいのは？

A 電気の通り道が切れたから。

B 豆電球がだめになったから。

C かん電池がだめになったから。

● 豆電球の明かりがついているときは，口金の先のとがった部分と，ソケットの内がわの金ぞくの部分がくっついています。しかし，豆電球をゆるめると，その部分がはなれ，**電気の通り道のわが切れるので，電気が流れません。**だから，明かりは消えます。

● 豆電球の光る所が切れても，豆電球はつきません。これも，電気の通り道のわが切れて電気が流れないからです。

答 A

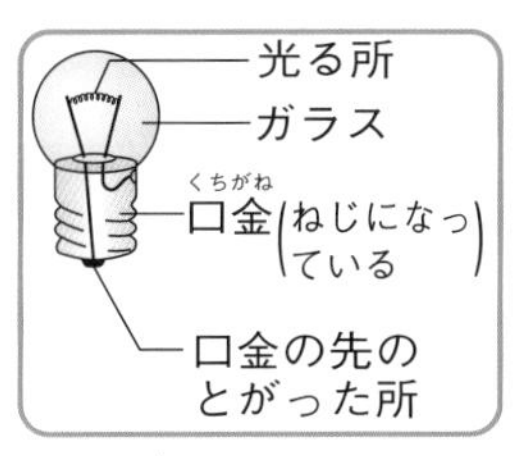

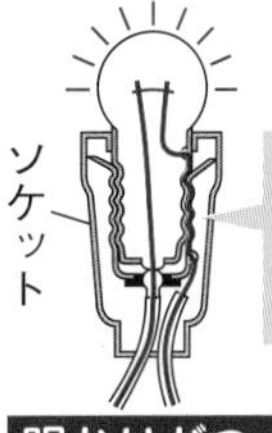

3 考えよう ソケットがなくても，豆電球に明かりがつけられるでしょうか。

正しいのは？

A ぜったいにつけられない。

B 電気の通り道をつくれば，つく。

C 豆電球をかん電池にくっつければ，つく。

● ソケットがなくても，豆電球に明かりがつけられます。

① それには，豆電球の口金と，その先のとがった部分に，かん電池の＋きょくと－きょくがつながるようにすればよいのです。

② このようにして明かりをつけたときも，**かん電池の＋きょく・豆電球・かん電池の－きょくがつながっていて，電気の通り道は1つのわになっています。**

答 B

たいせつポイント

豆電球
- 電気の通り道のわができると，明かりがつく。
- 電気の通り道のわが切れると，明かりがつかない。

2 電気を通す物・通さない物

1 考えよう どう線とどう線の間に物をはさむと，明かりがつくでしょうか。

正しいのは？

Ⓐ なにをはさんでも，明かりはつく。
Ⓑ なにをはさんでも，明かりはつかない。
Ⓒ 明かりがつく物と，つかない物がある。

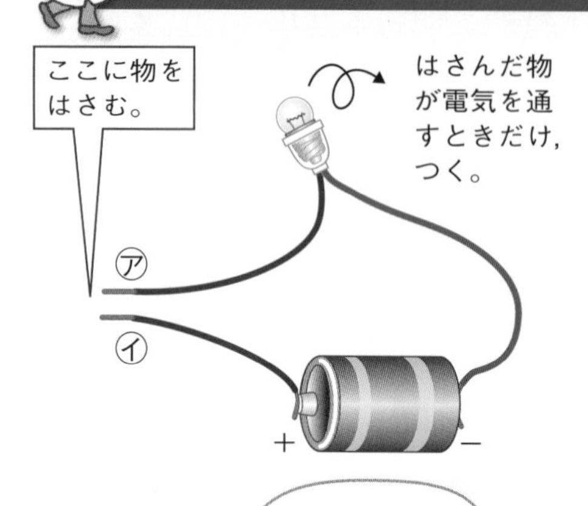

実験 左の図のようなそうちで，㋐と㋑の間にいろいろな物をはさみ，豆電球の明かりがつくかどうか，調べてみましょう。

● じっけんのけっか，物によって，明かりがついたり，つかなかったりします。

● **明かりがつく**ときは，**はさんだ物に電気が流れ**，電気の通り道のわができています。

● **明かりがつかない**ときは，**はさんだ物に電気が流れず**，電気の通り道のわはできていません。

答 Ⓒ

2 考えよう 身近な物の中から，電気を通す物を3つさがしてみましょう。

正しいのは？

Ⓐ 教科書，ノート，消しゴム
Ⓑ わりばし，ちゃわん，ガラスのコップ
Ⓒ アルミニウムはく，スプーン，10円玉

電気を通す物	電気を通さない物
クリップ（鉄）	わりばし（木）
鉄くぎ（鉄）	消しゴム（ゴム）
アルミニウムはく（アルミニウム）	ガラスのコップ（ガラス）
10円玉（どう）	下じき（プラスチック）
はさみ（鉄の部分）	はさみ（プラスチックの部分）

● いろいろな物について調べてみると，次のようなことがわかります。

① **鉄やどう・アルミニウム**など**金ぞく**でできている物は，**電気を通します。**

② **木や紙・ぬの**でできている物は，電気を通しません。

③ **ガラスやプラスチック・ゴム**でできている物も，電気を通しません。

答 Ⓒ

3 考えよう ジュースのあきかんは電気を通さないことがあります。なぜ？

正しいのは？
- A 電気を通さない金ぞくでできているから。
- B とりょうがいんさつされているから。
- C かんは金ぞくでできていないから。

● ジュースのあきかんは，

① かんの上と下（ふたとそこの部分）にどう線をつないだときは，豆電球に明かりがつきます。

② しかし，美しい色の絵やもようがいんさつしてある部分にどう線をつなぐと，明かりはつきません。

③ これは，その部分に**いんさつされているとりょうが電気を通さない**ためです。

④ とりょうを紙やすりでけずりとると，明かりはつくようになります。

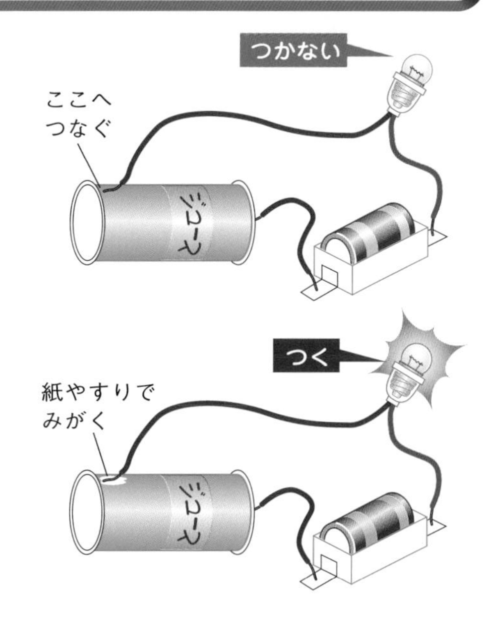

答 B

4 考えよう 2本のどう線をつなぐときは，どのようにつなげばよいでしょう。

正しいのは？
- A 中の金ぞく部分どうしをつなぐ。
- B 金ぞくのまわりの部分どうしをつなぐ。
- C 金ぞく部分とそのまわりの部分をつなぐ。

● **どう線**は，電気を通す**どう**の線のまわりを，電気を通さない**プラスチック**や**ビニル**で，おおってあります。

● どう線どうしをつなぐときは，どう線のはしの**プラスチックやビニルをはいで**，どう線どうしをねじってつなぎます。プラスチックやビニルをはがさずにつないでも，電気は流れません。

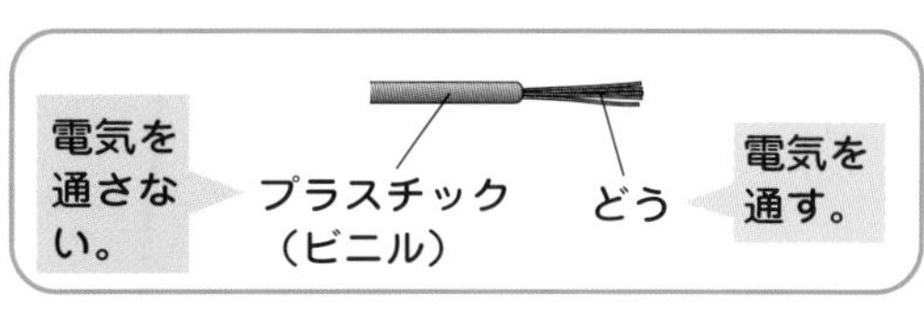

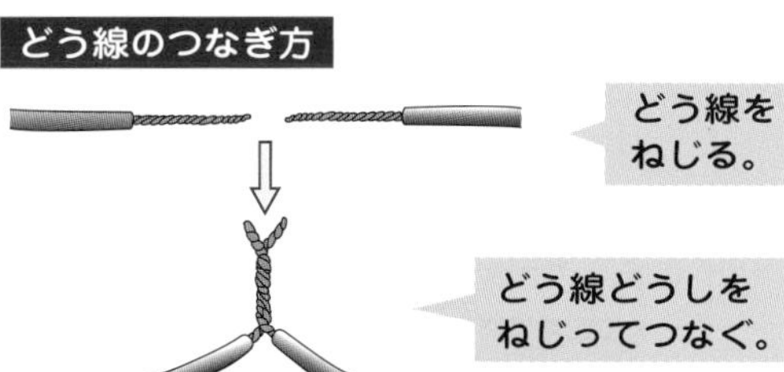

答 A

電気を通すもの…金ぞく。
電気を通さないもの…木・紙・ぬの・ガラス・プラスチックなど。

豆電球を使ったおもちゃ

電気を通す物発見き

●2本のくぎではさんだとき，豆電球がつけば電気を通す物だとわかる。

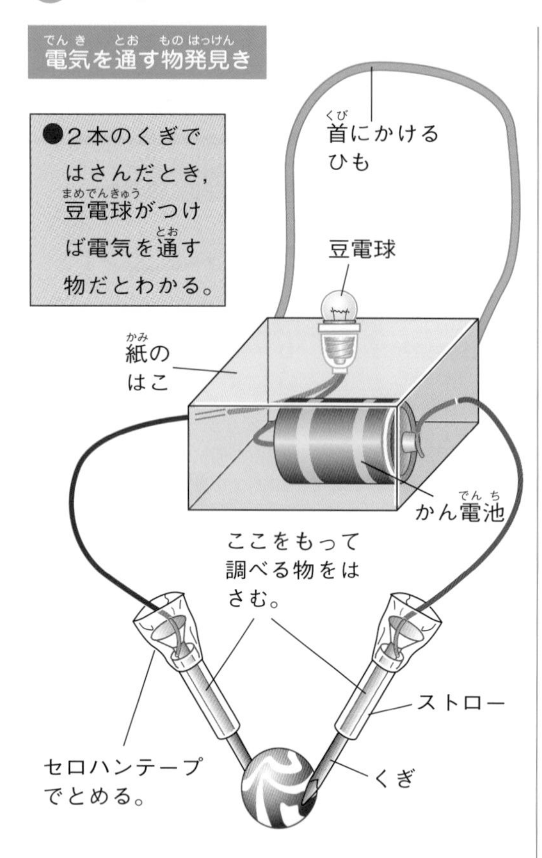

わくぐりゲーム

●×印のランプがつかないようにゴールまでいく。

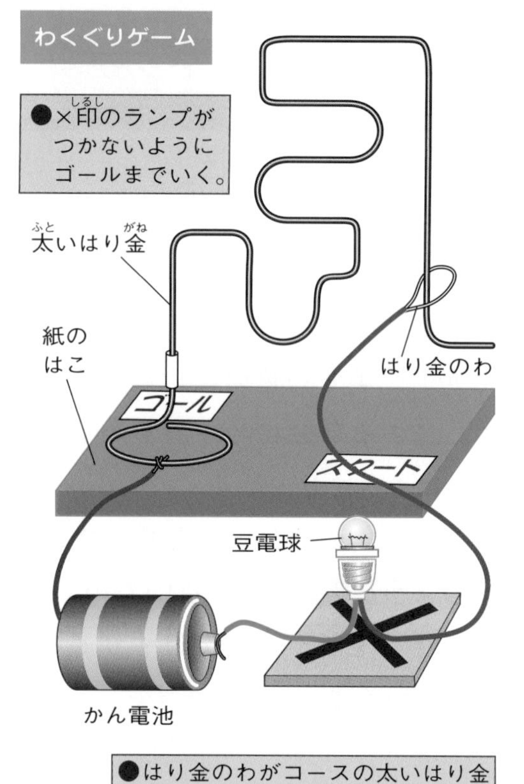

●はり金のわがコースの太いはり金にふれると×印のランプがつく。

しん号き

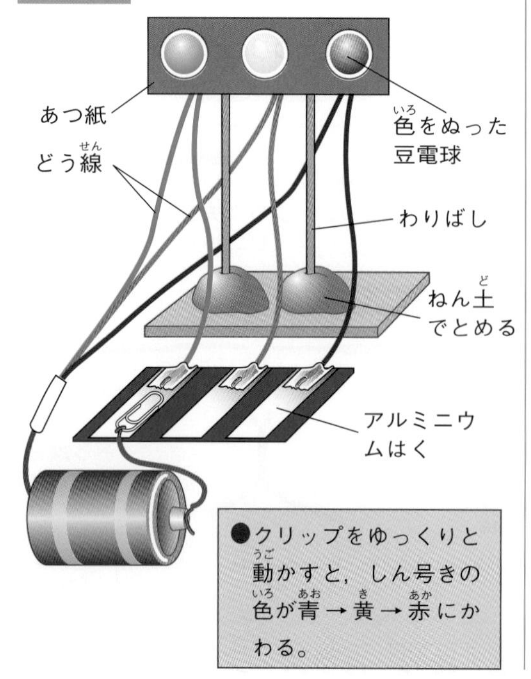

●クリップをゆっくりと動かすと，しん号きの色が青→黄→赤にかわる。

○×かいとうき

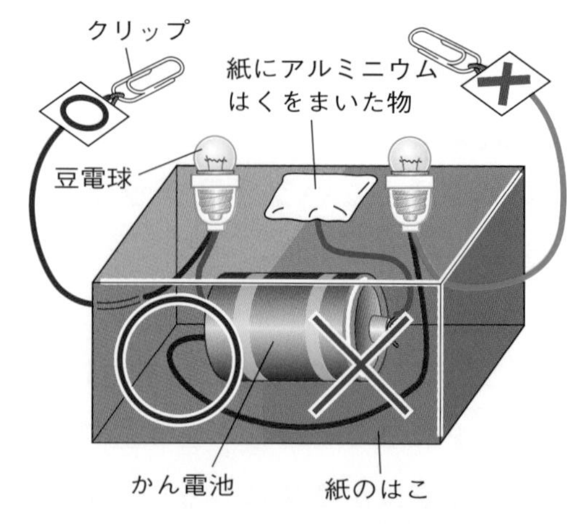

●○×クイズで，正かいと思うほうのクリップをアルミニウムにくっつける。すると，くっつけたほうの豆電球の明かりがつく。

教科書のドリル

答え ➜ 別さつ14ページ

1 次の図の（　）の中に，それぞれの物の名前や，部分の名前を書きなさい。

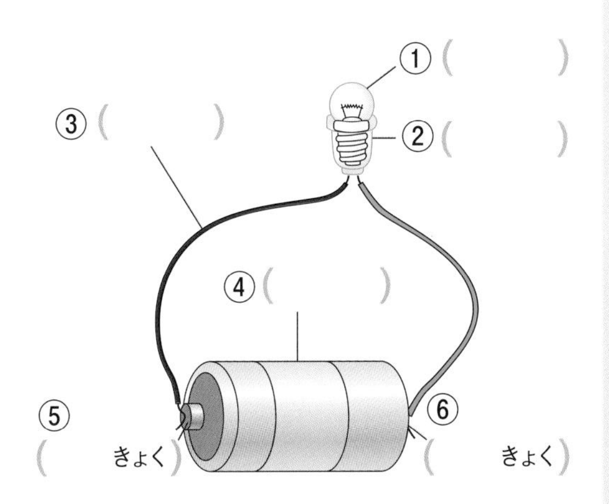

2 次の①～⑥のうち，明かりがつくものに○を，つかないものに×を書きなさい。

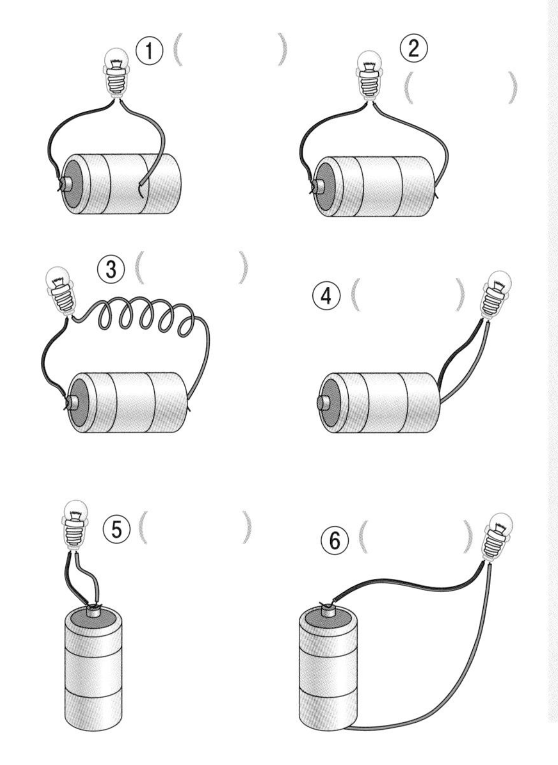

3 次の文の（　）にあてはまることばを書き入れなさい。

① かん電池を使って豆電球に明かりをつけるためには，かん電池の（　　　）と豆電球とかん電池の－きょくが，（　　　）でつながっていて，電気の通り道が，１つの（　　　）になっていなければいけない。

② どう線がはずれていたり，豆電球が（　　　）からゆるんでいたりすると，電気の通り道がとちゅうで切れるので，豆電球の明かりは（　　　）。

4 次の中から，電気を通すものを２つえらび，記号を書きなさい。

（　　）（　　）

ア　セロハンテープ
イ　消しゴム
ウ　鉄のクリップ
エ　プラスチックの下じき
オ　アルミニウムはく

5 次のア～ウのようにどう線をつないだとき，電気が流れるのはどれですか。（　　）

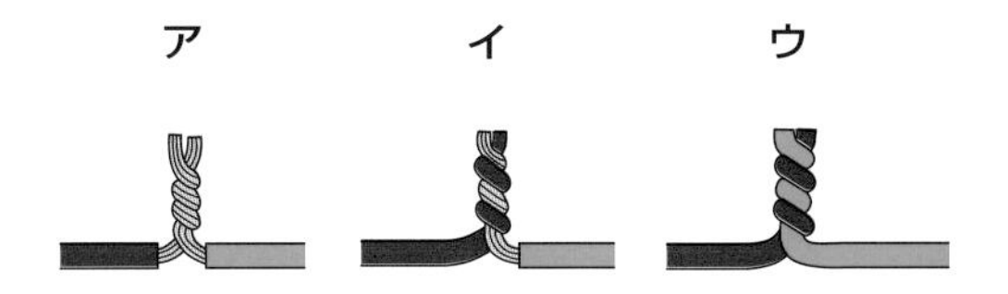

テストに出る問題

答え ➔ 別さつ14ページ
時間30分　合格点80点　とく点　／100

1 ソケットをはずして，豆電球に明かりをつけようと思います。明かりがつくものに○を，つかないものに×を書きなさい。　［6点ずつ…合計24点］

①［　　　］　②［　　　］　③［　　　］　④［　　　］

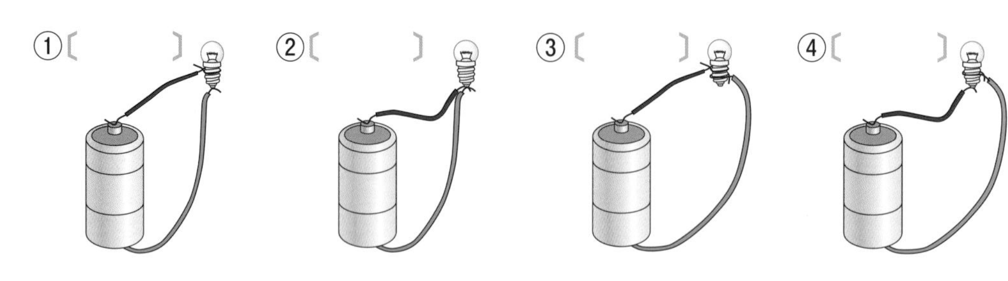

2 スイッチをおしたとき，豆電球に明かりがつくように，線をつなぎなさい。　［8点ずつ…合計16点］

(1)　(2)

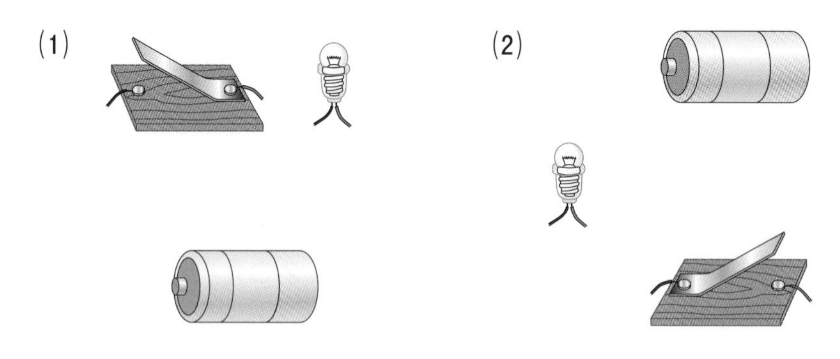

3 下の図のように，豆電球とかん電池をつなぎましたが，明かりがつきませんでした。そのわけとして考えられるものを，次のア〜キの中から3つえらびなさい。　［6点ずつ…合計18点］

ア　豆電球が切れている。
イ　2本のどう線の長さがちがっている。
ウ　スイッチがない。
エ　豆電球がゆるんでいる。
オ　エナメル線を使っていない。
カ　どう線がねじれている。
キ　かん電池の電気がなくなっている。

4 右の図の［　　］の所に，下の①～⑥でしめしたものをつなぎ，豆電球がつくかどうかを調べました。次の問いに答えなさい。

［5点ずつ…合計30点］

①100円玉　②消しゴム　③アルミニウムはく
④わりばし　⑤鉄くぎ　⑥じょうぎ

(1) ①～⑥のうち，豆電球がつくものを3つえらびなさい。

〔　　〕〔　　〕〔　　〕

(2) ①で答えた3つの物をまとめて何といいますか。

〔　　　　〕

(3) このじっけんから，次のことがわかります。文の〔　〕にあてはまることばを入れなさい。

〔　　　　〕は電気を通すが，〔　　　　〕でないものは電気を通さない。

5 ジュースのあきかんを使って，電気を通すかどうかを調べました。次の問いに答えなさい。

［6点ずつ…合計12点］

(1) 右の図のようにしたら，豆電球はつきませんでした。これは，どうしてですか。次のア～ウの中から1つえらびなさい。〔　　〕

ア　あきかんは金ぞくではないから。
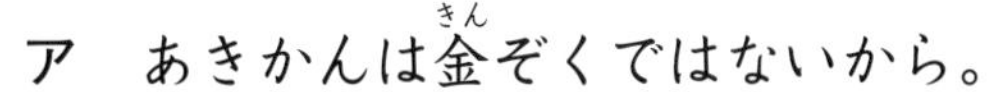
イ　あきかんの表面にいんさつされているとりょうは，電気を通さないから。
ウ　かん電池の＋と－がぎゃくだから。

(2) 豆電球がつくようにするためには，どうすればいいですか。次のア～ウから1つえらびなさい。〔　　〕

ア　べつのあきかんとかえて，同じようにつなぐ。
イ　あきかんの表面を紙やすりでこすり，こすった所とつなぐ。
ウ　かん電池の＋と－を入れかえる。

なるほど科学館

▶電池にはたくさんのしゅるいがありますが，大きく分けると，次の２つのタイプに分けることができます。

▶１つは，１回使いきってしまうと使えなくなるものです。ふつうのかん電池や，うで時計に入っているボタン形電池などはこれです。

▶もう１つは，じゅう電すると何回でも使えるものです。これには，電動歯ブラシなどに使われているニッカド電池，自動車のバッテリー（なまりちく電池），けいたい電話などに使われているリチウムイオン電池などがあります。

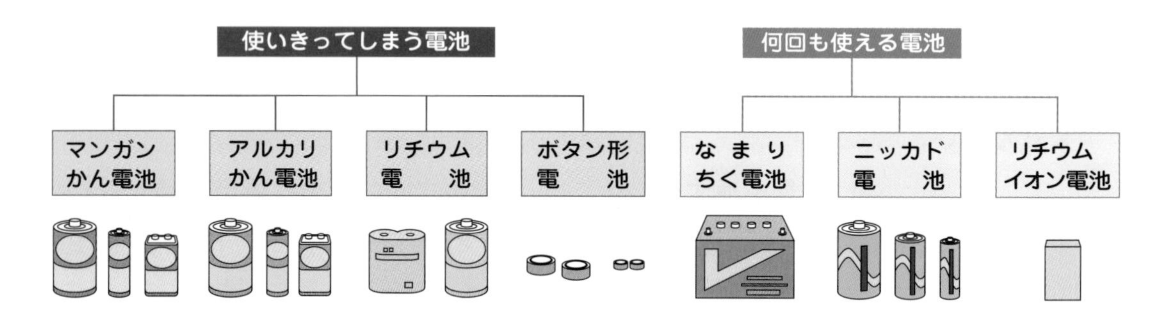

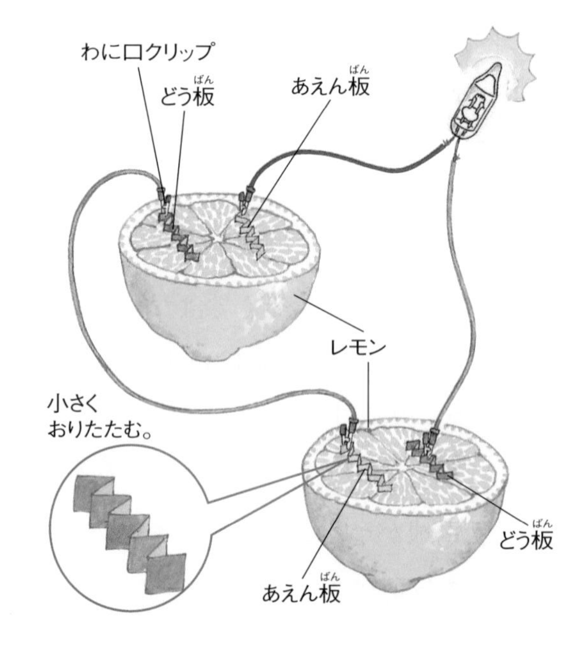

▶レモンと，あえんとどうの板を使って，電池をつくることができます。

▶図のように，レモンを２つに切り，あえんとどうの板を小さくおりたたんだものをさしこみ，どう線でつなぎます。

▶すると，豆電球（麦球）がつきます。つまり，電気が流れたのです。同じようにして，夏みかんやグレープフルーツなどでも電池をつくることができます。

12 じしゃくにつけてみよう

教科書のまとめ

☆ じしゃくは，鉄でできている物だけを引きつける。

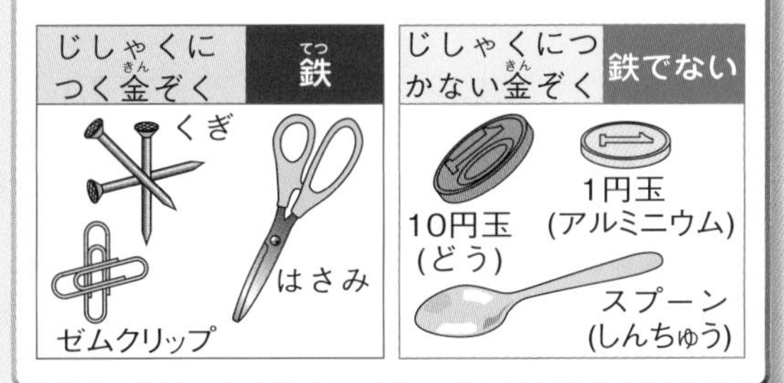

☆ ちがうきょくどうしは引きあい，同じきょくどうしはしりぞけあう。

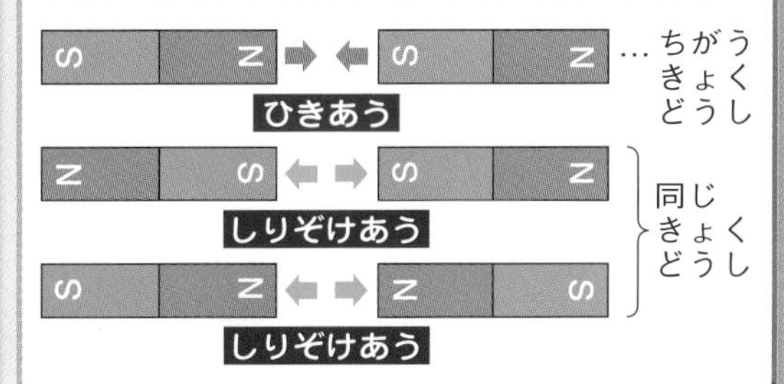

☆ じしゃくは，鉄がはなれていても引きつける。

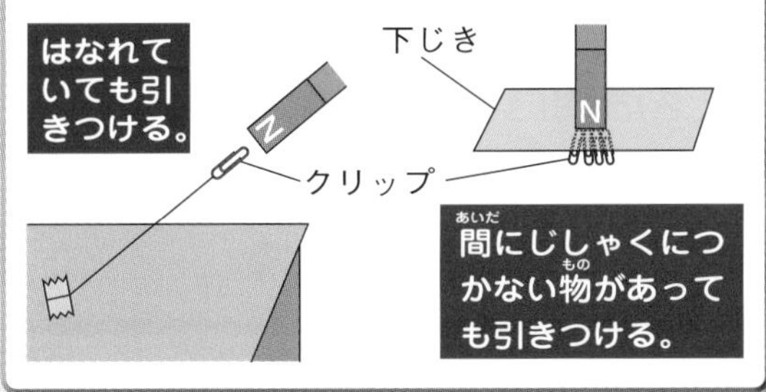

☆ じしゃくを自由に動けるようにすると，Nきょくが北をさして止まる。

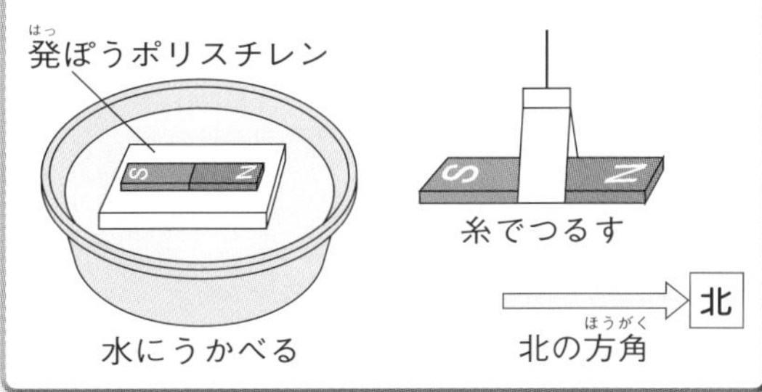

☆ じしゃくの力は両はしが強く，ここをきょくという。

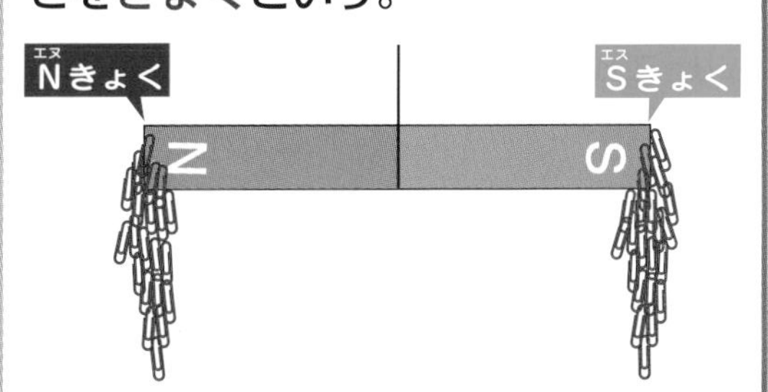

☆ じしゃくについた鉄くぎは，じしゃくになる。

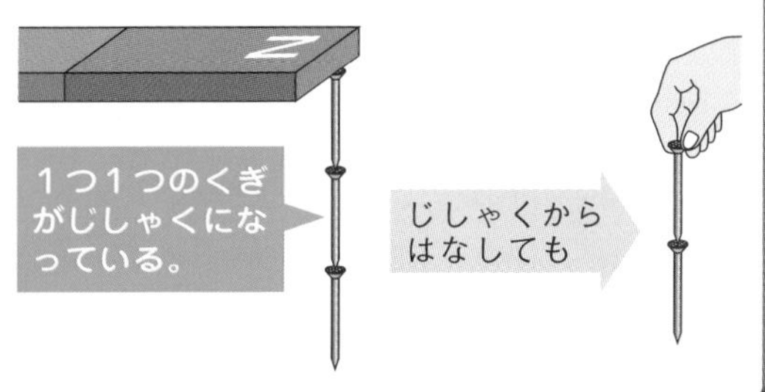

1 じしゃくにつく物

1

考えよう　じしゃくは，どんな物を引きつけるでしょうか。

正しいのは？
- A 金ぞくならなんでも引きつける。
- B 金ぞくいがいの物も引きつける。
- C 鉄でできているものだけを引きつける。

じしゃくにつく物
クリップ（鉄）
鉄くぎ（鉄）
はさみ（鉄）
鉄のかん（鉄）

じしゃくにつかない物
下じき（プラスチック）
わりばし（木）
スプーン（しんちゅう）
アルミニウムはく（アルミニウム）
ガラスのコップ（ガラス）
アルミニウムのかん（アルミニウム）

● じしゃくにつく物を調べてみると，

① 木や紙やぬの・プラスチック・ゴムなど，金ぞくでない物はつきません。

② 金ぞくでも，アルミニウムやどうなどは，じしゃくにつきません。

③ 金ぞくのうち，鉄はつきます。

● このように，じしゃくは**鉄でできている物**しか引きつけません。

答 C

金ぞくは電気を通し，金ぞくのうちで鉄だけはじしゃくに引きつけられます。これをり用して，電気を通せば金ぞく，じしゃくにつけば鉄でつかなければ鉄いがいの物，というように，物を見分けることができます。

2

考えよう　じしゃくと鉄の間に，紙やガラスがあっても，引きつけられますか。

正しいのは？
- A 紙のときだけ引きつけられる。
- B ガラスのときだけ引きつけられる。
- C どちらがあっても引きつけられる。

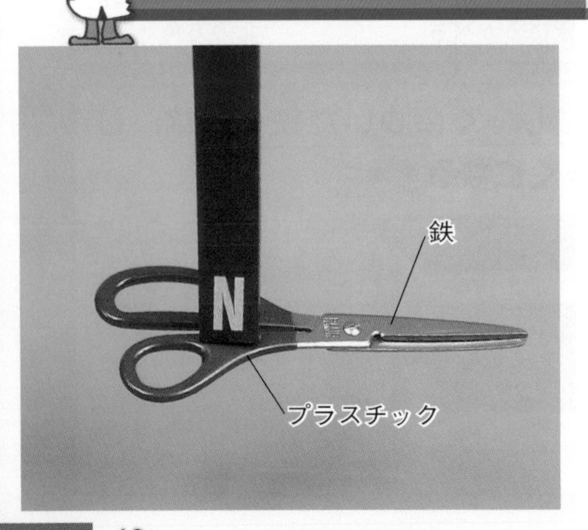

● 鉄でできたはさみのプラスチックの部分にじしゃくを近づけると，はさみはつきます。

● はさみのプラスチックの中には，**鉄**の部分があり，これがじしゃくについているのです。

● このように，じしゃくと鉄の間に紙やガラス・プラスチックなど**じしゃくにつかないものがあっても，じしゃくは鉄を引きつけます。**

答 C

3 考えよう じしゃくから少しはなれた所に鉄のクリップをおくとどうなる？

正しいのは？
- A クリップは，じしゃくに引きつけられる。
- B クリップは，少し動いて止まる。
- C クリップは，動かない。

● 右の写真のように，鉄のクリップに糸をつけ，糸のはしをテープでとめて，じしゃくをそっと近づけます。

● すると，クリップがじしゃくに引きつけられて糸がぴんとのび，じしゃくからはなれたまま，クリップがちゅうにうきます。

● このように，じしゃくは，はなれていても鉄をひきつけます。

答 A

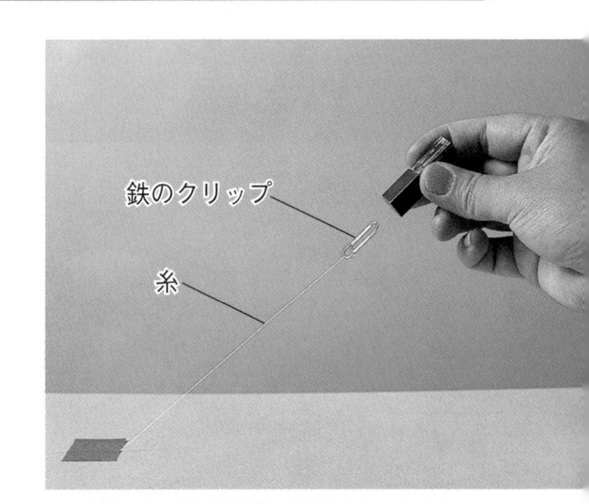

4 考えよう じしゃくと電気のはたらきをくらべるとどうなりますか。

正しいのは？
- A どちらも鉄からはなれていてもはたらく。
- B どちらも鉄についているときだけはたらく。
- C じしゃくは，鉄からはなれてもはたらく。

● じしゃくと電気をくらべると，鉄の場合，じしゃくに引きつけられ，電気が流れ，どちらもはたらきます。

● しかし，じしゃくと電気では，次の点がちがいます。

① じしゃくは，間にじしゃくにつかないものがあっても鉄を引きつけるが，電気は，間に電気を通さないものがあると流れない。

② じしゃくは，鉄からはなれていても鉄を引きつけるが，電気は，通り道がとちゅうではなれると流れない。

答 C

たいせつポイント

じしゃく
- 鉄でできているものを引きつける。
- 鉄がはなれていたり，間に何かあっても引きつける。

2 じしゃくのきょく

1

考えよう　じしゃくの**どの部分**が**鉄をよく引きつける**でしょうか。

正しいのは？
- A じしゃくのまん中。
- B どの部分でも同じ。
- C じしゃくの両はし。

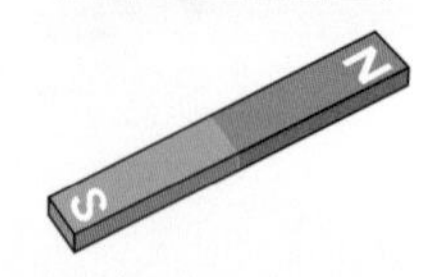

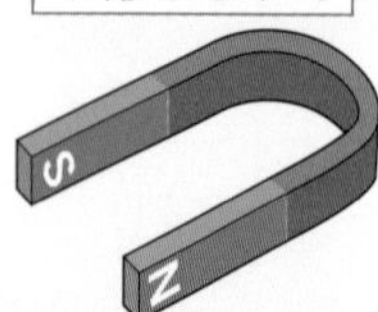

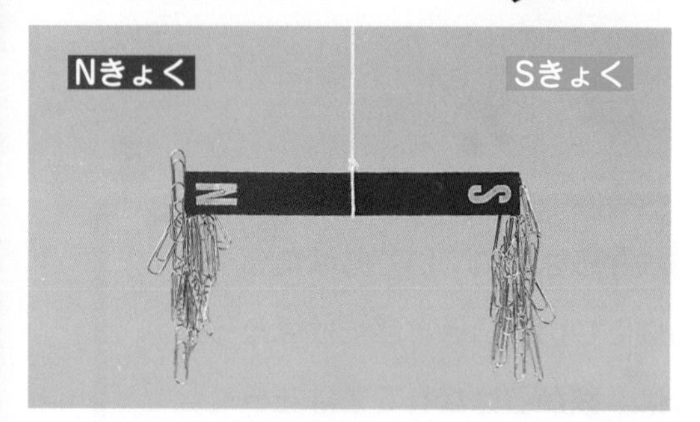

実験　じしゃくのいろいろな部分に，鉄のクリップをつけてみましょう。

● ぼうじしゃくやU形じしゃくでは，じしゃくのはしほどよくつき，まん中近くになると，ほとんどつきません。

● 鉄をよく引きつけるじしゃくのはしの部分を**きょく**といいます。きょくには**Nきょく**と**Sきょく**とがあります。

答 C

2

考えよう　2つのじしゃくのNきょくどうしを近づけると，どうなりますか。

正しいのは？
- A 何のへんかもおこらない。
- B 引きあう。
- C しりぞけあう。

実験　ぼうじしゃくのきょくどうしを近づけて，手ごたえを調べましょう。

● 2つのじしゃくのきょくを近づけたとき，

① NきょくとSきょくとは引きあいます。

② NきょくとNきょく，SきょくとSきょくはしりぞけあいます。

● じしゃくには，ちがうきょくどうしは引きあい，同じきょくどうしはしりぞけあうせいしつがあります。

答 C

3 考えよう

Nきょくを近づけたらにげました。このきょくは何きょく？

正しいのは？
- A Nきょく。
- B Sきょく。
- C これでは決められない。

● じしゃくの同じきょくどうしはしりぞけあい，ちがうきょくどうしはひきあいます。このせいしつをり用して，きょくのしるしのついていないじしゃくのNきょく，Sきょくを見つけることができます。

● つまり，Nきょくを近づけたとき，しりぞけあえば（にげれば）Nきょくで，引きあえば（くっつけば）Sきょくです。　答 A

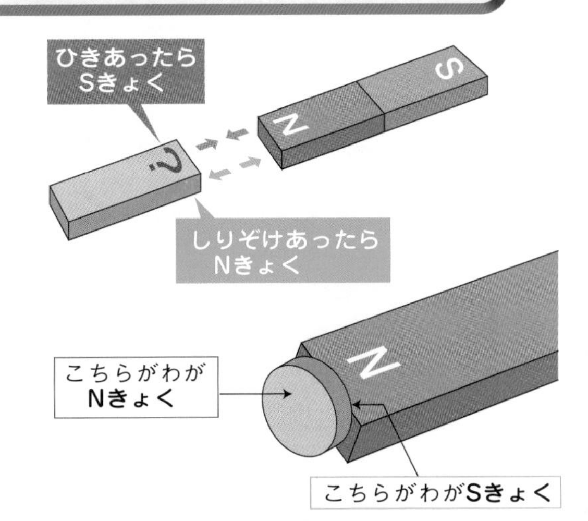

4 考えよう

じしゃくを自由に動けるようにすると，どうなるでしょうか。

正しいのは？
- A Nきょくが北をさして止まる。
- B Nきょくが南をさして止まる。
- C ぐるぐるまわる。

実験 右の図のように，じしゃくを自由に動くようにして，しばらく見ます。

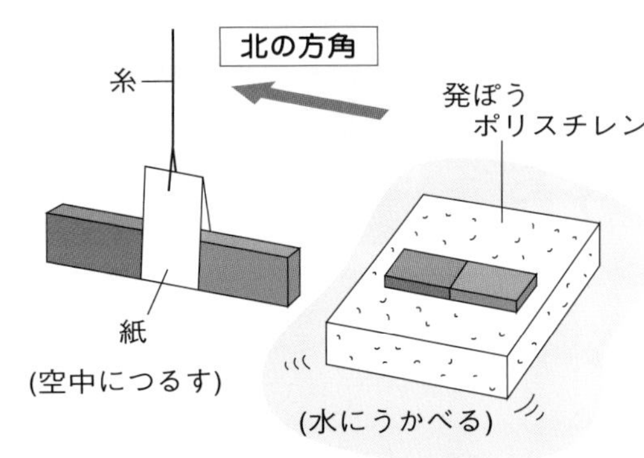

● しばらくすると，どちらのじしゃくも同じ向きになって止まります。

● このとき，じしゃくのNきょくは北を，Sきょくは南をさします。　答 A

もっとくわしく 67ページでせつめいした方いじしんのはりもじしゃくになっており，色のついたはりがNきょくです。そのため，方いじしんの色のついたはりは，かならず北をさして止まるのです。

たいせつポイント じしゃくのきょく
- Nきょくと Sきょくは，引きあう。
- 同じきょくどうしは，しりぞけあう。

3 じしゃくについた鉄

1 考えよう じしゃくについた鉄くぎの先に鉄くぎを近づけるとどうなる？

正しいのは？

- A くぎの先に，近づけたくぎがつく。
- B どうもならない。
- C じしゃくについていたくぎが落ちる。

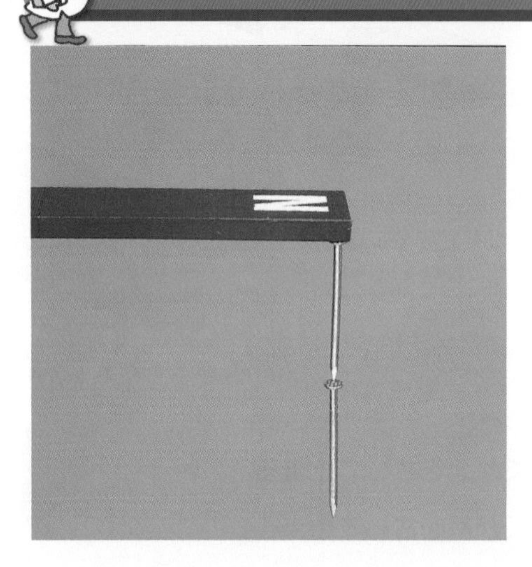

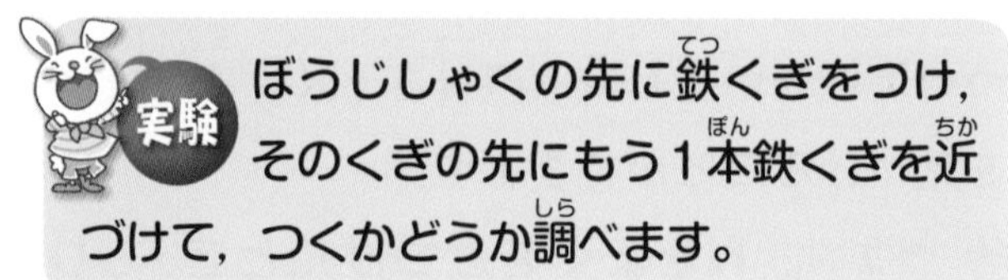

実験 ぼうじしゃくの先に鉄くぎをつけ，そのくぎの先にもう１本鉄くぎを近づけて，つくかどうか調べます。

● じっけんのけっか，じしゃくについたくぎの先に，**近づけたくぎがつきます。**

● その先にまたくぎを近づけると，そのくぎもつき，つぎつぎとくぎをつけることができます。

答 A

2 考えよう じしゃくにつぎつぎとついた鉄くぎをじしゃくからはなしたら？

正しいのは？

- A くぎはばらばらになって落ちる。
- B くぎがおれる。
- C くぎはつながったまま。

実験 ぼうじしゃくの先につながってついている鉄くぎのうち，じしゃくについているくぎをそっとじしゃくからはなしたらどうなるかを見ます。

● 左の写真のように，くぎをじしゃくからはなしても，**くぎはつながったままです。**

● これは，１本１本の鉄くぎが**じしゃく**になったからです。このように，**じしゃくについた鉄は，じしゃくのはたらきをもつようになります。**

答 C

3 考えよう じしゃくになった鉄くぎにもきょくがあるのでしょうか。

正しいのは？
- A きょくはない。
- B くぎのかたほうのはしにだけきょくがある。
- C くぎのりょうほうのはしにきょくがある。

● ぼうじしゃくにつけて，じしゃくのはたらきをもつようになった鉄くぎに，さ鉄をつけます。

● すると，さ鉄は**くぎのはしとはしにたくさんつきます。**このことから，じしゃくになったくぎにも，両方のはしに**きょく**があることがわかります。　答 C

4 考えよう じしゃくになった鉄くぎにもNきょくとSきょくがあるだろうか。

正しいのは？
- A Nきょくと Sきょくがある。
- B Nきょくだけある。
- C Sきょくだけある。

● 右の図のようにして，鉄くぎを強いぼうじしゃくで**同じ向きに**何回かこすります。すると，鉄くぎがじしゃくになります。

● じしゃくになった鉄くぎを発ぽうポリスチレンにのせて水にうかべると，くぎは**南北を向いて止まります。**このことから，じしゃくになったくぎにも**NきょくとSきょく**があることがわかります。　答 A

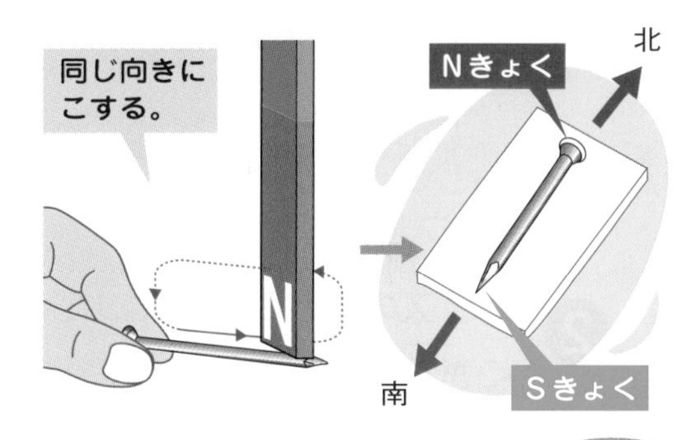

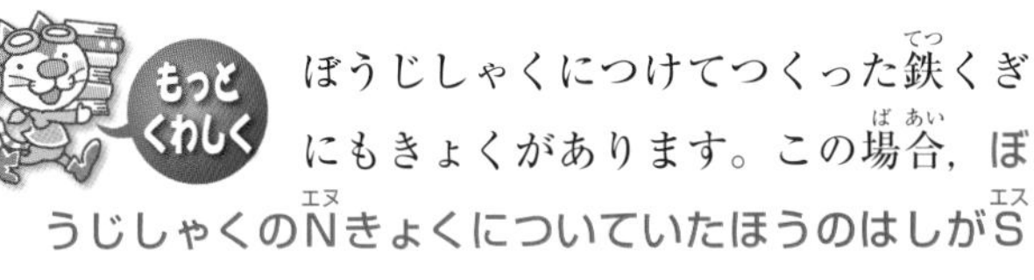

ぼうじしゃくにつけてつくった鉄くぎにもきょくがあります。この場合，ぼうじしゃくのNきょくについていたほうのはしがSきょくになり，もういっぽうのはしがNきょくになります。

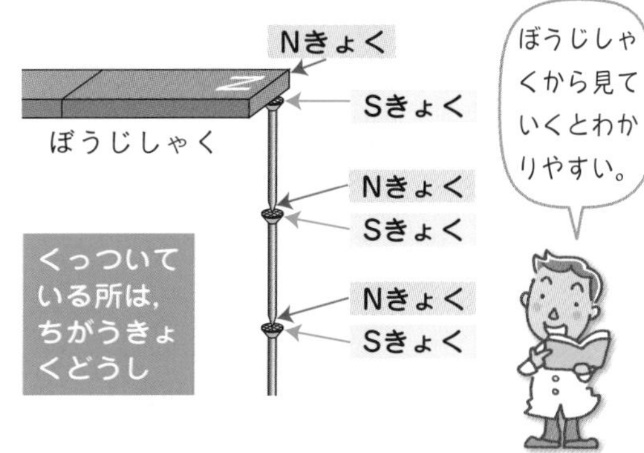

じしゃくについた鉄くぎ { じしゃくになる。 / NきょくとSきょくがある。

教科書のドリル

答え → 別さつ15ページ

1 次の中で，じしゃくにつくものには○を，つかないものには×を書きなさい。

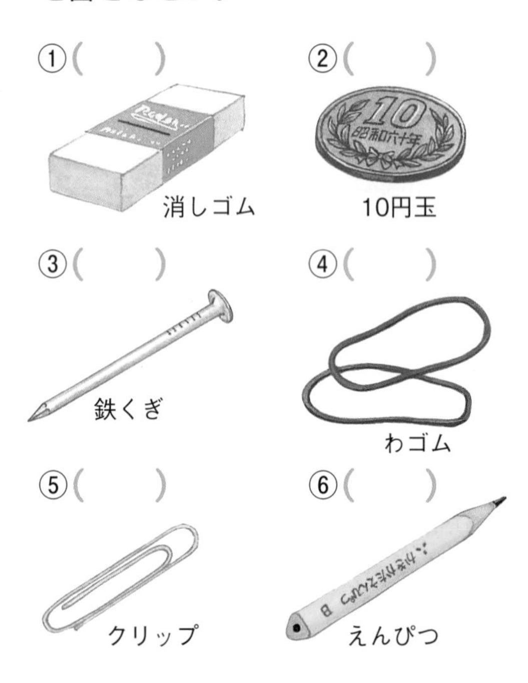

2 ガラスのコップの中に小さい鉄くぎを入れ，外から強いじしゃくのきょくを近づけました。そのときのようすを正しくかいてあるのは，次のア～ウの中のどれですか。

(　　)

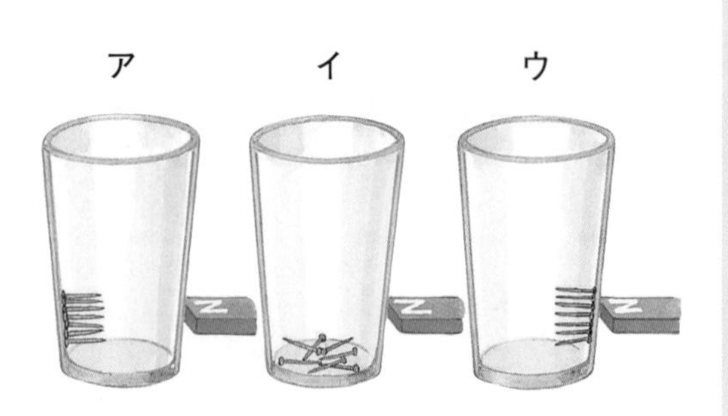

3 2本のぼうじしゃくを下の図のように近づけました。たがいに引きあうものと，しりぞけあうものに分け，記号を書きなさい。

引きあう(　　　　)

しりぞけあう(　　　　)

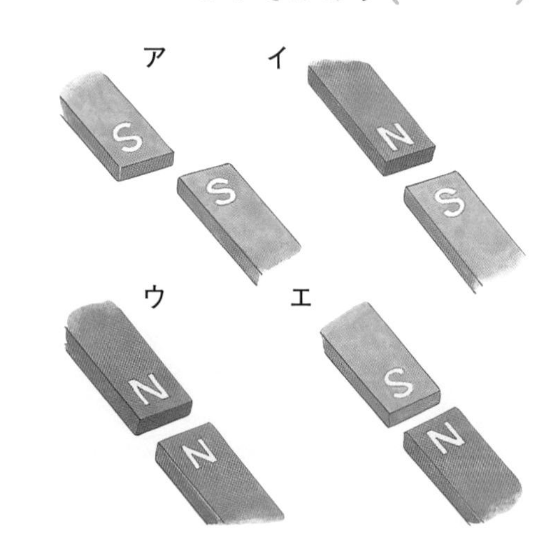

4 次の文のうち，正しいものには○を，まちがっているものには×を書きなさい。

① じしゃくは，金ぞくなら何でも引きよせる。　(　　)

② じしゃくには，かならずSきょくとNきょくがある。　(　　)

③ じしゃくを糸でつるして自由に動けるようにすると，Nきょくが南を向いて止まる。　(　　)

④ 鉄のくぎをじしゃくでこすると，くぎがじしゃくになることがある。　(　　)

テストに出る問題

答え → 別さつ16ページ　時間30分　合格点80点　とく点 /100

1 右の図のように，糸でむすんだ鉄のクリップを，じしゃくで引きつけました。　［7点ずつ…合計28点］

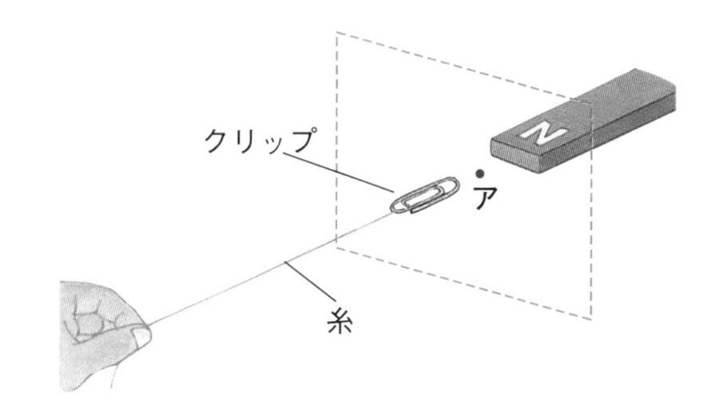

(1) クリップがちゅうにういているのはなぜですか。

〔　　　　　　　　　　〕

(2) 糸をおさえていた指をはなすと，クリップはどうなりますか。

〔　　　　　　　　　　〕

(3) アの部分に，点線のようにうすい紙を入れると，クリップはどうなりますか。

〔　　　　　　　　　　〕

(4) じしゃくをクリップから遠ざけていくと，クリップはどうなりますか。

〔　　　　　　　　　　〕

2 じしゃくが鉄のくぎを強く引きつける所を調べました。次の問いに答えなさい。　［5点ずつ…合計20点］

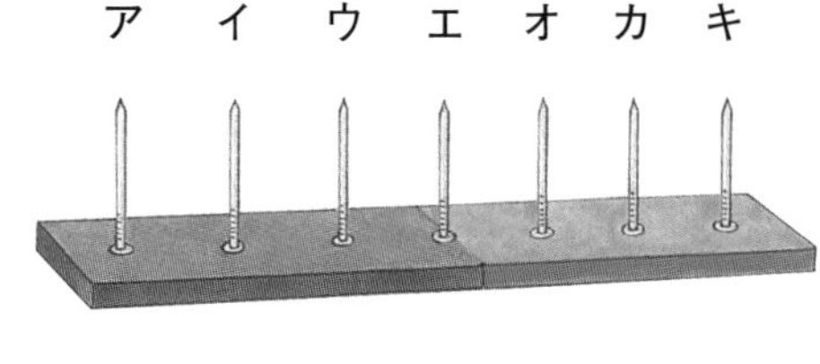

(1) 右の図のア～キのうち，くぎを強く引きつけている所を2つえらびなさい。

〔　　　〕〔　　　〕

(2) その部分を，それぞれ何といいますか。

〔　　　〕〔　　　〕

3 右の図のようにして，きょくがわからないじしゃくに，Nきょくを近づけました。次の問いに答えなさい。　［6点ずつ…合計12点］

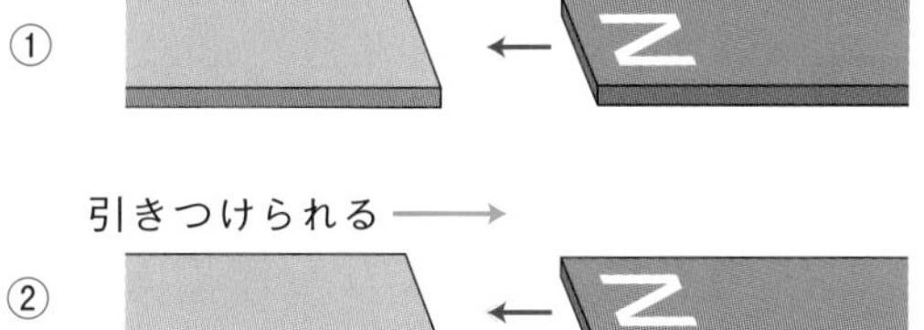

(1) ①では，じしゃくが遠ざかりました。このじしゃくの右がわのきょくを答えなさい。

〔　　　きょく〕

(2) ②では，ぎゃくに，じしゃくが引きつけられました。このじしゃくの右がわのきょくを答えなさい。

〔　　　きょく〕

4 右の図のように，ぼうじしゃくのきょくに，鉄のくぎを2本つけました。このことについて，問いに答えなさい。［6点ずつ…合計12点］

(1) 上のくぎをしずかにじしゃくからはなすと，下のくぎはどうなりますか。〔　　〕

ア　上のくぎからはなれて落ちる。

イ　上のくぎについたまま。

ウ　少しはなれた所で，ちゅうにうく。

(2) このくぎをさ鉄の中に入れました。さ鉄は右のどのようにつきますか。〔　　〕

5 右の図のようにして，鉄のくぎをぼうじしゃくで，同じ向きに何回かこすりました。こすったくぎのまん中を，下の図のように糸でつるし，しばらくそのままにしておくと，くぎはどうなりますか。次のア～オの中から，1つえらびなさい。

［8点］〔　　〕

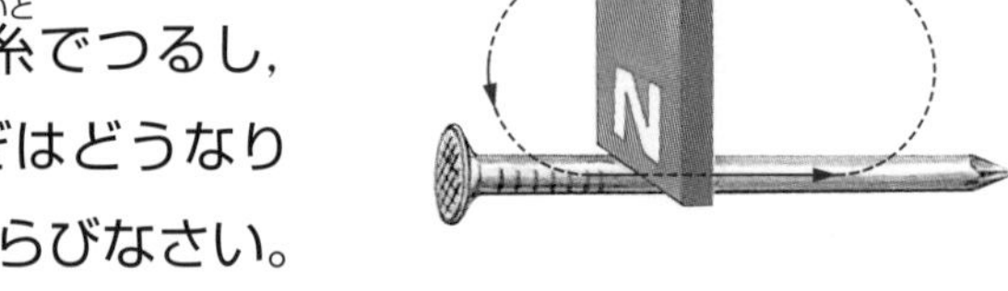

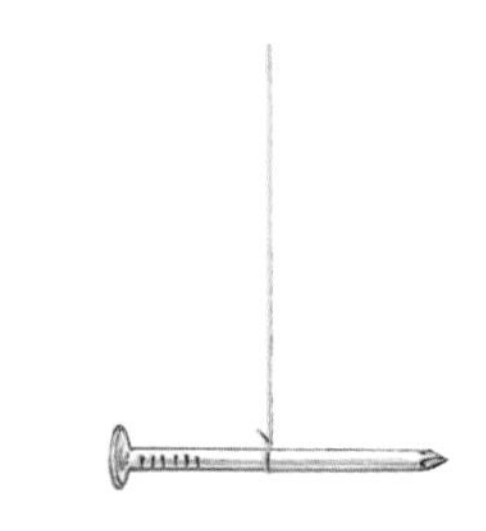

ア　東と西の方角をさして止まる。

イ　北と南の方角をさして止まる。

ウ　方角は決まっていないが，止まる。

エ　同じ向きにいつまでも回る。

オ　1回転ごとに向きがかわる。

6 電気とじしゃくについて書いた次の文のうち，正しいものには○を，まちがっているものには×を書きなさい。［5点ずつ…合計20点］

① 電気は，金ぞくなら何でも流れる。〔　　〕

② じしゃくは，鉄とどうは引きつけるが，ほかの金ぞくは引きつけない。〔　　〕

③ どう線とどう線の間に下じきをはさんでも，電気が流れる。〔　　〕

④ 鉄でできた物とじしゃくの間に下じきをはさむと，じしゃくは物を引きつけない。〔　　〕

なるほど科学館

じしゃくをNきょくとSきょくに分けられるか？

▶ぼうじしゃくを見ると，かた方がNきょくで，もう一方がSきょくなので，まん中で切ると，NきょくとSきょくに分けられそうです。では，じっさいにはどうなのでしょう。

▶ふつうのぼうじしゃくはかんたんには切れませんが，ゴムじしゃくなら切れます。そこで，ゴムじしゃくを半分に切ってみると，どちらにもNきょくとSきょくがあります。そのじしゃくをさらに切ってどんどん小さくしても，けっかは同じです。かならず，NきょくとSきょくがあります。

▶このように，じしゃくにはかならずNきょくとSきょくがあり，NきょくだけのじしゃくとSきょくだけのじしゃくに分けることはできません。

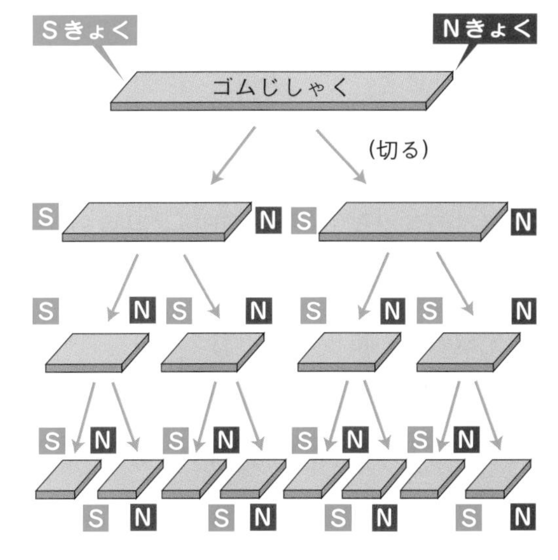

地球もじしゃく!!

▶方いじしんのように，じしゃくを自由に動けるようにすると，南北の方向に止まります。どうしてでしょうか。

▶実は，地球全体が１つの大きなじしゃくになっていて，北きょくの近くにSきょくがあり，南きょくの近くにNきょくがあるからなのです。そのため，じしゃくのNきょくは地球のSきょくと引きあい，北の方向をさすのです。

さくいん

この本に出てくるたいせつなことば

あ行

か行

さ行

た 行

な 行

は 行

ま 行

や 行

ら 行

□ 編集協力　有限会社キーステージ21　出口明憲　平松元子
□ デザイン　福永重孝
□ 図版・イラスト　小倉デザイン事務所　藤立育弘　松田行雄　松見文弥　柳内雅浩　よしのぶもとこ
□ 写真提供　OPO　亀村俊二写真事務所　小松真一　日本気象協会

シグマベスト
これでわかる
理科　小学3年

本書の内容を無断で複写（コピー）・複製・転載することを禁じます。また，私的使用であっても，第三者に依頼して電子的に複製すること（スキャンやデジタル化等）は，著作権法上，認められていません。

©BUN-EIDO　2011　Printed in Japan

編　者　文英堂編集部
発行者　益井英郎
印刷所　凸版印刷株式会社
発行所　株式会社文英堂
〒601-8121　京都市南区上鳥羽大物町28
〒162-0832　東京都新宿区岩戸町17
(代表)03-3269-4231

●落丁・乱丁はおとりかえします。

ΣBEST
シグマベスト

これでわかる 理科 小学3年

くわしく わかりやすい

答えと とき方

- 「答え」は見やすく，答えあわせをしやすいように，それぞれのページの左がわにまとめてあります。
- 「ここに気をつけよう」では，みなさんがまちがえやすい所をわかりやすくせつ明してあります。答えがあっていても，読んでください。

文英堂

1 花や虫をさがそう 本さつ12, 13ページの答え

教科書のドリル 12ページ

答え

❶ イ，ウ，エ，オ

❷ タンポポ，ナズナ，オオイヌノフグリ

❸ ① モンシロチョウ
② ミツバチ
③ ナナホシテントウ
④ アゲハ

❹ (1) 虫めがね(ルーペ)
(2) 見たい物
(3) 虫めがね(ルーペ)

ここに気をつけよう

❶ アのアサガオは，夏の暑いときにさく花です。カのキクは，秋にさく花です(花屋さんには1年じゅうありますが，あれはとくべつな育て方をしたものです)。

❷ チューリップ・ヒヤシンス・スイセンは，春の花だんにさく花です。

❸ ①のモンシロチョウや④のアゲハは花のみつをすうので，花のある所でよく見られます。また，②のミツバチも花のみつや花ふんを集めるので，花のある所でよく見られます。③のナナホシテントウはテントウムシのなかまで，草などにいるアブラムシを食べるので，草の葉やくきでよく見られます。

❹ 虫めがねの使い方は，見たい物が動かせるか動かせないかでちがいます。しかし，どちらの場合も，虫めがねと見たい物の間のきょりをかえて，はっきり見える所で止めて見る点は同じです。

テストに出る問題 13ページ

答え

1 (1) サクラ
(2) 春

2 (1) タンポポ
(2) ア
(3) モンシロチョウ
(4) 花のみつをすっている。
(5) イ

3 (1) ハルジオン
(2) イ
(3) 虫めがねで太陽を見ること。

ここに気をつけよう

1 サクラは学校や公園などでよく見る木です。春の花見に行くと，木のえだにたくさんの花がさいているのが見られます。

2 (1)，(2)タンポポは，野原や校庭のまわり，道ばたなどの日当たりのよい所にさいています。
(3)，(4)モンシロチョウは，ストローのような口をのばして，花のみつをすいます。
(5)花にやってくる虫は，花のみつや花ふんをえさにする虫です。イのハナムグリは，花ふんを食べに，花にやってきます。

3 (2)見ようとする物からはなれて虫めがねで見ると，物が小さくなってさかさまに見えます。虫めがねで物を大きくして見るときは，まず，見ようとする物に顔を近づけます。それから，虫めがねを前後に動かしてはっきり見える所で止めて見ます。
(3)虫めがねで太陽の光を見ると，目をいためてしまいます。ぜったいにしてはいけません。

2 植物を育てよう　本さつ18, 19ページの答え

答え

教科書のドリル　18ページ

❶ ア…ヒマワリ
イ…ホウセンカ
ウ…オクラ
エ…マリーゴールド

❷ (1) ×　(2) ○
(3) ○　(4) ×
(5) ×

❸ (1) ア
(2) 子葉

❹ (1) 子葉
(2) ア
(3) イ

ここに気をつけよう

❶ アのヒマワリのたねは，大きくて，たてに黒と白のしまもようがあるのがとくちょうです。イのホウセンカのたねとウのオクラのたねは少しにていますが，オクラのたねのほうが大きいです。エのマリーゴールドのたねは黒くて細長く，はねのようなものがあるのがとくちょうです。

❷ (1)たねは，地面から2cmくらいの深さの所にまきます。深すぎると，めが地上に出てこれません。
(4)土がかわいていると，めは出ません。
(5)たねをまく前にはたがやしますが，たねをまいてからは，土はかきまぜません。

❸ (1)ホウセンカのめは，よく，たねの皮をかぶったまま出てきます。たねの皮は，子葉が開くときに地面に落ちます。
(2)めが出てすぐ開く葉を子葉といい，２まいの子葉をまとめてふた葉といいます。

❹ (1)アの葉はいちばん下にあり，葉の先が丸くなっているので子葉です。イは，アの上にあり，葉のふちに切れこみがあるので，子葉につづいて出てきた葉です。
(2)，(3)イの葉は，これからどんどんふえていきますが，アの子葉は，やがて，かれて落ちます。

答え

テストに出る問題　19ページ

1 (1) ア
(2) イ
(3) ウ

2 (1) エ→イ→ア→ウ
(2) ふえない。

ここに気をつけよう

1 (1)イはマリーゴールドのたねで，ウはヒマワリのたねです。
(2)たねをまくときは，まず，下のほうにひりょうを入れて，土とまぜておきます。そして，地面から2cmくらいのあさい所にたねをまきます。深い所にまいたり，１か所に何こもまとめてまいたりはしません。
(3)アはマリーゴールドのめばえで，イはヒマワリのめばえです。

2 (1)めが出てすぐのころは，エのように子葉がたれていますが，やがてイのようにもち上がり，アのように開きます(ふた葉)。
(2)①は子葉なので，ふえません。

3 チョウを育てよう　本さつ28, 33～35ページの答え

答え／ここに気をつけよう

教科書のドリル　28ページ

❶ (1) ウ
　(2) ア

❷ (1) たまごのから
　(2) 黄，キャベツ，緑
　(3) 青虫

❸ (1) ×
　(2) ○
　(3) ×

❹ (1) だっ皮
　　(皮をぬぐ)
　(2) ４回
　(3) さなぎ
　(4) 食べない。
　(5) 頭

ここに気をつけよう

❶ (1)**モンシロチョウはキャベツの葉**にたまごをうみつけます。これは，たまごから出てきたよう虫が，えさをさがさなくてもよいようにするためです。
(2)**モンシロチョウのたまごは**，トウモロコシの実のような形をしています。たまごの色は，うみつけられてすぐは**うすい黄色**ですが，やがて，だんだんこい黄色にかわっていきます。

❷ (1)モンシロチョウのよう虫は，たまごから出てすぐに，**それまで自分がはいっていたたまごのからを食べます。**たまごから出てすぐにキャベツの葉を食べるわけではありません。
(2)モンシロチョウのよう虫のからだの色は，はじめから緑色なのではありません。**キャベツの葉を食べるようになってから緑色になる**のです。

❸ (1)たまごやよう虫は，葉についたまま，葉ごともちかえってかいます。
(3)入れ物は，日光がちょくせつ当たらないあたたかい所におきます。

❹ (1)，(2)モンシロチョウのよう虫は，**だっ皮**(からだの皮をぬぐこと)をくりかえしながら大きくなります。だっ皮の回数は決まっており，**よう虫の間に４回**だっ皮をします。
(4)**さなぎ**の**時期**はじっとして動きません。また，何も食べません。

教科書のドリル　33ページ

❶ (1) ア，エ
　(2) イ
　(3) ア

❷ (1) たまごのから
　(2) 黒，４，緑
　(3) さなぎ

❸ (1) イ
　(2) ウ

ここに気をつけよう

❶ (1)**アゲハのたまごは**，**カラタチやミカン**，**サンショウ**などの葉にうみつけられます。イのキャベツやウのアブラナなどの葉にたまごをうみつけるのは，モンシロチョウです。
(2)アゲハのたまごはまん丸で，ウのようなすじはありません。

❷ (1)**アゲハのよう虫も**，モンシロチョウのよう虫と同じように，たまごから出てすぐに，**それまで自分がはいっていたたまごのからを食べます。**

❹ (1) ① 頭
② むね
③ はら
(2) ②

(2)アゲハのよう虫は，たまごから出てすぐは黒っぽい色をしています。ミカンなどの葉を食べるようになっても，すぐには緑色にはならず，1回目のだっ皮が終わってから4回目のだっ皮をするまでは，鳥のふんのような黒と白のまだらもようをしています。そして，4回目のだっ皮をすると，緑色になります。

❸ (1)アは，カイコガのよう虫です。

(2)アゲハやモンシロチョウなど，チョウのなかまは，すべて，たまご→よう虫→さなぎ→せい虫のじゅんに育ちます。

❹ からだが，頭・むね・はらの3つの部分に分かれ，6本のあしがすべてむねについている虫のなかまを，こん虫といいます。

テストに出る問題 34ページ

1 (1) モンシロチョウ
(2) ウ
(3) エ
(4) ウ
(5) イ

2 ① ○　② ×
③ ○　④ ×
⑤ ×　⑥ ×
⑦ ○

3 (1) ㋑ー㋕ー㋗
(2) ア

4 (1) ① 頭
② むね
③ はら
(2) 6本
(3) はね…むね
あし…むね
(4) 目，しょっ角

1 (1)写真のよう虫は，キャベツの葉にいるモンシロチョウのよう虫です。モンシロチョウのよう虫のことを青虫ともいいます。

(2)よう虫は，からだが大きくなると，小さくなった皮をぬぎすてます。これがだっ皮です。

(3)モンシロチョウのよう虫は，キャベツの葉のほか，アブラナやダイコンなどの葉を食べます。

(5)モンシロチョウは，せい虫になると花のみつをすいます。キャベツの葉などは食べません。

2 ②モンシロチョウのよう虫は，たまごから出ると，まず，自分がはいっていたたまごのからを食べます。

④よう虫は，だっ皮をくりかえしながら大きくなっていきます。

⑤，⑥さなぎは，動かないし，えさも食べません。

3 (1)アゲハのたまごは，丸い形をしています。よう虫には，目玉のようなもようと，ななめのすじが2本あるのがとくちょうです。また，アゲハのさなぎはモンシロチョウのさなぎとにていますが，角のようなものが出ているのがアゲハのさなぎです。

(2)アゲハのよう虫のえさになるのは，カラタチ・ミカン・サンショウなどの葉です。

4 (2)あしの数が6本というのは，こん虫のとくちょうです。

(3)はねもあしも，すべてむねについています。

(4)モンシロチョウなどのこん虫は，頭にある目やしょっ角で，身のまわりのことを感じとっています。

4 植物のからだを調べよう 本さつ42, 43ページの答え

答え

教科書のドリル 42ページ

❶ イ, ウ, オ, キ

❷ (1) 子葉
(2) かわらない。
(3) ① ふえない。
② ふえる。

❸ ア, エ

❹ (1) ① 葉
② くき
③ 根
(2) ① ○
② ○
③ ○

テストに出る問題 43ページ

1 (1) ① 葉
② くき
③ 根
(2) イ
(3) 葉, 根
(4) ア

2 ① マリーゴールド
② アサガオ
③ オクラ

ここに気をつけよう

❶ なえを植えかえるのは, 葉が4〜6まいのときです。植えかえるときは, 土ごと植えかえます。土を落とすと, 細い根が切れることがあり, 育たなくなります。また, 花だんの土は, たがやしてひりょうを入れておかないと, じょうぶには育ちません。

❷ ホウセンカの子葉は, 葉の先が丸くなっており, 葉のふちに切れこみがないのがとくちょうです。子葉につづいて出てくる新しい葉は大きくなり, 数もふえますが, 子葉は大きくならず, 数もふえません。

❸ 根をかんさつするときは, 根が切れないように, まわりの土ごとほりとり, 根についた土を水でそっとあらい落とさなければいけません。

❹ 植物のからだは, 根・くき・葉からできています。アサガオのくきはつるになっていますが, 根・くき・葉からできています。

1 (2)同じ植物の葉は, 子葉をのぞくと, 大きさは育ち方によってちがいますが, 形はどれもだいたい同じです。
(4)ホウセンカを上から見ると, 葉がなるべくかさならないようについているのがわかります。これは, なるべく多くの葉が日光をたくさん受けるためで, 日光を受けて育つ植物にとって, とてもたいせつなことです。ホウセンカにかぎらず, すべての植物の葉は, なるべくかさならないようについています。

2 マリーゴールドの葉は, くきから出たえに, いくつもの小さい葉がついている葉です。これが1セットになって, くきについています。
アサガオの葉は, 深い切れこみが2か所ある葉です。つるになったくきに1まいずつついています。
オクラの葉は, 指を広げたときの手の形ににている大きな葉です。1まいずつ太いくきについています。

5 こん虫を調べよう　本さつ55～57ページの答え

答え

教科書のドリル　55ページ

❶ ①頭　②むね
③はら　④むね
⑤6

❷ ①×　②○
③×　④×

❸ ㋑

❹ (1) ①よう虫
②さなぎ
③せい虫
④アゲハ
(2) ①よう虫
②せい虫
③さなぎ
④オオカマキリ

❺ (1) **カブトムシのせい虫…ア**
バッタ…イ
(2) **カブトムシのせい虫…イ**
バッタ…ア

テストに出る問題　56ページ

1 (1) ア…頭　イ…むね
ウ…はら
(2) 6本
(3) ①イ　②イ
③ア　④ア
(4) ③

2 (1) ウ，オ
(2) トンボ…オ
アリ…ウ

ここに気をつけよう

❶ こん虫のなかまのとくちょうは，ここに書いてあるとおりです。かならずおぼえておきましょう。

❷ ①こん虫の中には，アリのように，**はねがないもの**もいます。
③こん虫のあしは，かならず6本で，**すべてむねについて**います。クモのように，あしが8本の虫は，こん虫ではありません。
④こん虫のせい虫の中には，チョウのように**花のみつ**をすうものや，バッタのように**植物の葉**を食べるもの，セミのように**木のしる**をすうもの，トンボのように，**ほかの虫**を食べるものなど，いろいろいます。

❸ ㋑のクモは，あしが8本あるので，こん虫ではありません。

❹ (1)**モンシロチョウやアゲハには，さなぎの時期があります。**
(2)**トノサマバッタやオオカマキリには，さなぎの時期がありません。**

❺ カブトムシは，よう虫の間は，落ち葉の下のふ葉土などにいて，ふ葉土を食べて育ちます。せい虫になると，昼間は落ち葉の下や木のわれ目などでじっとしており，夜になると，木のみきから出ているじゅえきをなめに出てきます。
バッタは，よう虫のときからずっと草むらにいて，植物の葉を食べてくらしています。

1 (1)モンシロチョウは**こん虫**なので，からだは**頭・むね・はらの3つの部分**に分けることができます。
(3)**あしとはね**は，すべて**むね**についています。また，しょっ角と口は頭についています。
(4)こん虫は，頭にある**目**や**しょっ角**などで，身のまわりのようすを感じとっています。

2 (1)こん虫なので，からだが3つの部分（頭・むね・はら）に分かれていて，6本のあしがまん中の部分（むね）についていなければいけません。

3 (1) ヤゴ
(2) ウ，エ
(3) ア，イ，オ
(4) だっ皮
(皮をぬぐ)

4 (1) ウ
(2) ① ×
② ○
③ ×

(2)トンボには4まいのはねがありますが，アリにはふつうはねがありません。

3 (1)トンボのよう虫をヤゴといいます。ヤゴは，水の中でくらしています。
(2)さなぎの時期があるのは，ウのカブトムシとエのモンシロチョウです。
(3)さなぎの時期がないのは，アのシオカラトンボとイのアブラゼミとオのトノサマバッタです。
(4)さなぎの時期があるこん虫も，さなぎの時期がないこん虫も，よう虫のときはだっ皮をくりかえして大きくなります。

4 (1)ミカンの葉にたまごをうみつけるのはアゲハで，モンシロチョウはうみつけません。ですから，モンシロチョウのよう虫は，ミカンでは見られません。
(2)①トンボのよう虫(ヤゴ)は，水の中にすんでおり，イトミミズなど，ほかの虫を食べています。
③セミは，よう虫のときは土の中にすんでおり，木の根に口をさして，木のしるをすっています。また，せい虫は地上でくらし，木のみきに口をさして，木のしるをすっています。

6 花と実を調べよう

本さつ62, 63ページの答え

答え

教科書のドリル 62ページ

1 ① つぼみ，花
② 実，たね

2 (1) ア…オクラ
イ…ホウセンカ
ウ…マリーゴールド
(2) ウ
(3) ア，イ

3 (1) ア…オクラ
イ…ホウセンカ
(2) イ　(3) ア

ここに気をつけよう

1 植物が大きく育つと，やがてつぼみができます。つぼみは，花が開く前のものです。花は，さいたあとしばらくすると，花びらがかれて落ちます。そして，花のねもとの部分がふくらんで実になります。実の中には，たねがはいっています。

2 (2)マリーゴールドの花は，くきの先についています。
(3)オクラやホウセンカの花は，葉のつけねについています。

3 (1)，(3)オクラの実は太くて長く，長いものは20cmくらいになります。ホウセンカの実は，長丸で先がとがっていて，まわりに毛がたくさんついています。

❹ ① ×
② ○
③ ×

(2)ホウセンカの実は，手でさわると，ぱっとはじけて中からたねがとび出します。さわらなくても，実がじゅくすと，ぱっとはじけてたねがとび出します。

❹ ①花がさく前に実ができることはありません。

③実の中にできたたねは，土に落ちてめを出し，育っていきます。

テストに出る問題　63ページ

1 (1) イ→ア→ウ
(2) ① つぼみ
② 実
(3) イ
(4) ア

2 (1) オ→ア→ウ→エ→イ
(2) イ
(3) ウ

1 (1)，(2)イの①のつぼみが開いて花がさき，ウの②の実ができます。

(3)実がはじけてたねがとびちることで，たねは少しでも遠くまでいき，育つことができます。

(4)植物のたねは，植物のしゅるいによって，大きさや形が決まっています。ですから，実の中にできるたねは，春にまいたものと形も大きさもだいたい同じになります。

2 (1)，(3)たねからめが出て(オ)，大きく育つと(ア)，花がさき(ウ)，実ができます(エ)。そして，実がじゅくしてたねができると，かれてしまいます(イ)。

(2)1このたねから育ったホウセンカには，何百こものたねができます。ホウセンカだけでなく，植物は1このたねから育ち，たくさんのたねをつくります。

7 日なたと日かげをくらべよう　本さつ71～73ページの答え

答え

教科書のドリル　71ページ

❶ (1) イ
(2) ア

❷ ① ○　② ○
③ ×

❸ (1) イ
(2) 21℃
(3) 当てない。

ここに気をつけよう

❶ (1)かげは，みんな同じ向きにできます。みつおくんのかげは，みつおくんの前にできているので，えい子さんのかげも，えい子さんの前にできるはずです。

❷ ③かげは，太陽からやってくる光がさえぎられてできます。ですから，太陽が東から西へ動くと，かげは，太陽とはぎゃくに，西から東へ動きます。

❸ (1)温度計の目もりを読むときは，温度計と目のいちが直角になるようにして読まないと正しく読めません。

❹ ① 日なた
② 日なた，日光
③ 日なた，日かげ
④ 日なた，太陽，じょうはつ

(2)温度計は，１目もりが１℃です。えきの先が目もりの線と線の間にあるときは，近いほうの目もりを読みます。この場合は，21℃と読みます。
(3)日なたの地面の温度をはかるときは，温度計に日光が当たらないように，おおいをします。
❹ 日光には，明るくてらすはたらきだけでなく，あたためたり，水をじょうはつさせたりするはたらきがあります。そのため，日光が当たっている地面はあたたかく，かわいているのです。ぎゃくに，日光が当たらない日かげは，地面がつめたく，しめっています。

テストに出る問題　72ページ

1 (1) 北と南
(2) イ

2 (1) イ
(2) オ
(3) 太陽が動くから。

3 ① あたたかい
② しめっている
③ はやくかわく

4 (1) ウ
(2) ① 32℃
② 17℃

5 (1) ア
(2) 日なたの地面は，日光であたためられるから。
(3) ア，エ

1 (1)方いじしんのはりは，かならず北と南を向いて止まるようになっています。
(2)方いじしんの色のついたはりがさしている方向が北です。文字ばんの北と書いてあるほうが北ではありません。じっさいに方いじしんを使うときは，方いじしんをまわして，色のついたはりと「北」の文字がかさなるようにあわせます。
2 (1)太陽は，ぼうをはさんで，今のかげの反対がわのイにあります。
(2)２時間前のかげが，今のかげの右にあるので，かげは左がわ(オ)に動いていることがわかります。
(3)太陽は，かげとは反対のア→イ→ウの方向に動いています。
3 ②日かげの地面は，土の中にしみこんだ水がじょうはつせずにのこっているので，しめっています。
4 (1)温度計のえきだめに土をかぶせ，温度計に日光が当たらないように，温度計を紙でおおっているウが正しいのです。アは，温度計のえきだめが深すぎて，地面の温度をはかっていることにはなりません。イは，温度計におおいをしていないので，温度計に日光が当たって，温度が上がってしまいます。エは，えきだめを土の中にうめていないので，地面近くの空気の温度をはかることになります。
(2)どれも，１目もりが１℃です。②は，えきの先が16と17の間にありますが，17に近いので，17℃と読みます。
5 (1)同じ時こくでいつも温度が高く，温度の上がり方が大きいアが日なたの温度です。
(3)イ…午前９時よりも，午後１時のほうがちがいが大きくなっています。ウ…午後１時までは温度が上がりつづけていますが，その後は下がっています。

8 物の重さをくらべよう　本さつ80, 81ページの答え

答え	ここに気をつけよう

教科書のドリル　80ページ

❶ ア
❷ イ
❸ ウ
❹ (1) イ
(2) ウ
(3) イ
❺ (1) 発ぽうポリスチレン
(2) イ

❶ てんびんでは，はじめは①の長さと②の長さは同じにしておきます。
❷ てんびんでは，下がっているほうが重い物であることをあらわします。
❸ 物の形をかえても，ちぎっていくつかにわけても全体の重さはかわりません。
❹ (1)，(2)この３つの物では，鉄(てつ)がいちばん重く，発ぽうポリスチレンがいちばん軽い。
(3)同じ体せきの物でも，(1)，(2)からわかるように重さはちがいます。
❺ (1)同じ重さにすると，発ぽうポリスチレンはねん土よりも体せきが大きくなります。
(2)同じ重さの物でも，物がちがうと体せきはちがいます。

テストに出る問題　81ページ

1 (1) ①
(2) のり
(3) 消しゴム
(4) 右
(5) えんぴつ→消しゴム→はさみ
2 (1) ウ
(2) ウ
(3) かわらない

1 (1)同じ重さをあらわしているのは，てんびんが水平になっている①です。
(2)②でのりのほうが下がっているので，のりのほうが重いことがわかります。
(3)③ではさみのほうが下がっているので，はさみのほうが重く，消しゴムのほうが軽いことがわかります。
(5)④より，えんぴつは消しゴムより軽く，③より，消しゴムははさみより軽い。
2 物の形がかわっても，物の重さはかわりません。したがって，アルミニウムはくを丸めても，細かくわけても全体の重さはかわりません。

9 風やゴムで物を動かそう　本さつ88, 89ページの答え

答え	ここに気をつけよう

教科書のドリル　88ページ

❶ イ
❷ ア

❶ まわっている風車の前のほうから風がふいています。この図では，左のほうから右に向かってふいています。
❷ アは，車がついているので，風をうけていちばんよく走ります。

❸ (1) ア
(2) イ

❹ イ

❺ イ

❻ イ

❸ 風をうけるはねが大きいほうがよくまわるので，イがいちばんよくまわり，アはあまりまわりません。

❹ わゴムが多いほうが強い力がいるので，イのほうが強い力がいります。

❺ わゴムを長くのばすほうがよくとぶので，イのほうがよくとびます。

❻ わゴムが２本のほうが強い力が出るので，イのほうがよく動きます。

テストに出る問題　89ページ

1 (1) ア
(2) ㋐弱　㋑中　㋒強
(3) 強い，遠く

2 (1) エ
(2) ア

1 (1)物に風が当たると，風と同じ向きに動きます。
(2)風が強いほど，動いたきょりは大きくなります。
(3)風が強いほど，車ははやく遠くまで動きます。

2 わゴムが多いほど，わゴムをまく回数が大きいほど，糸まき車はよく動きます。
(1)わゴムが２本で30回まいたエです。
(2)わゴムが１本で10回まいたアです。

10 光と音を調べよう　本さつ101～103ページの答え

答え

教科書のドリル　101ページ

❶ (1) ア
(2) ア
(3) イ
(4) イ

❷ (1) イ
(2) イ

❸ (1) ア
(2) ア

ここに気をつけよう

❶ (1)かがみを動かすと，はね返った日光の進む向きがかわるので，かべに当てた光も動きます。
(2)かがみの向きをかえると，はね返った日光が当たる所もかわります。日光が当たる所は，かがみを上に向けると上に動き，下に向けると下に動き，右に向けると右に動き，左に向けると左に動きます。
(3)，(4)はね返した日光を重ねると，重ねた所は明るく，あたたかくなります。

❷ (1)虫めがねでは，光を小さく集めるほど，明るさは明るくなります。
(2)また，虫めがねで光を小さく集めるほど，明るい所の温度は高くなります。ですから，イのように光を小さく集めると，紙がこげはじめます。

❸ (1)音が出ている物はふるえています。これは，音が出ている物に指でふれると，物がふるえていることでわかります。
(2)物をたたいて音を出したとき，音が大きいほど，物のふるえ方は大きくなります。また，音が小さいほど，物のふるえ方は小さくなります。

テストに出る問題　102ページ

1 (1) Cさん
(2) Dさん
(3) ア

2 (1) ウ
(2) アとイ
(3) 2まい
(4) ウ

3 (1) ① イ
② ア
(2) 明るさ…③
温度…③
(3) 明るさ…明るい
温度…高い

4 (1) イ
(2) ア
(3) エ

1 (1)かがみを上に向けると，はね返った光も上に進みます。ですから，かがみを少し上に向けるとまとに当たるのは，Cさんです。
(2)かがみを右に向けると，はね返った光も右に進みます。ですから，右に向けるとまとに当たるのは，Dさんです。
(3)はね返った光もまっすぐに進みます。えんぴつのかげがまん中にくるようにするためには，はね返った光と同じ向きにまっすぐに動かします。

2 (1)問題の図には，大きい四角が３つあり，３まいのかがみを使っていることがわかります。いちばん明るいのは，３つの光が重なっているウです。
(2)，(3)アとイは，１つの光だけが当たっている所で，ウは３つの光が重なっている所，エは２つの光が重なっている所です。
(4)温度がいちばん上がるのは，光がたくさん重なっているウです。

3 (1)虫めがねと紙の間のきょりをかえると，紙に集められる光の大きさがかわります。この問題の場合，③のときに小さく集められているので，①のときがいちばん大きいはずです。
(2)虫めがねを使って光を集めると，小さく集めるほど明るさが明るくなり，光が当たっている所の温度が高くなります。
(3)大きい虫めがねを使うと，たくさんの光を集めることができます。この問題では，小さい虫めがねのときと同じ大きさに光を集めるので，大きい虫めがねの方がたくさん光を集めています。ですから，光が当たっている所の明るさは明るく，温度は高くなります。

4 (1)糸電話の糸をたるませると，ふるえがつたわらなくなるので，話し声は相手までとどきません。
(2)音が大きいほど，物のふるえ方は大きくなるので，話し声を大きくすると，糸電話の糸のふるえ方は大きくなります。
(3)糸電話の糸を指でつまむと，つまんだところから先にふるえがつたわらなくなるので，声は相手に聞こえなくなります。

11 豆電球に明かりをつけよう 本さつ111～113ページの答え

答え

教科書のドリル 111ページ

❶ ①豆電球
②ソケット
③どう線
④かん電池
⑤＋きょく
⑥－きょく

❷ ①×
②○
③○
④×
⑤×
⑥○

❸ ①＋きょく，どう線，わ
②ソケット，つかない

❹ウ，オ

❺ア

ここに気をつけよう

❶⑤，⑥かん電池のきょくは，出っぱりがあるほうが＋きょくで，出っぱりがないほうが－きょくです。まちがえないようにしましょう。

❷豆電球のソケットから出ている２本のどう線のうちの１本がかん電池の＋きょくに，もう１本がかん電池の－きょくにつながっていれば，電気の通り道が１つのわになり，電気が流れて，豆電球がつきます。
①は，右のどう線がかん電池の横についているので，豆電球はつきません。
③は，右のどう線がねじれていますが，２本のどう線がちゃんとかん電池の＋きょくと－きょくにつながっているので，豆電球はつきます。どう線のねじれはかんけいないのです。
④は，どう線が２本とも－きょくにつながっているので，豆電球はつきません。
⑤は，どう線が２本とも＋きょくにつながっているので，豆電球はつきません。

❸②電気の通り道が，とちゅうで１か所でも切れていると，電気が流れなくなり，豆電球はつきません。

❹ウの鉄のクリップや，オのアルミニウムはくは，金ぞくでできているので，電気を通します。金ぞくでできていないものは，電気を通しません。

❺どう線は，中に電気を通すどうの線のたばがあり，そのまわりを電気を通さないプラスチックやビニルでおおってあります。ですから，アのように，両方のどう線のはしのプラスチック（またはビニル）をはずしてつながないと，電気が流れません。

テストに出る問題 112ページ

1 ①○　②×
③×　④○

1 ソケットを使わないで豆電球をつけるときは，豆電球の口金とその先のとがった所を，それぞれかん電池の＋きょくと－きょくにべつべつにつなぎます（どちらを＋きょくにつないでもいいです）。
②は，豆電球のとがった所がかん電池の＋きょくと－きょくの両方につながっているので，豆電球はつきません。
③は，豆電球の口金がかん電池の＋きょくと－きょくの両方につながっているので，豆電球はつきません。

2 (1)

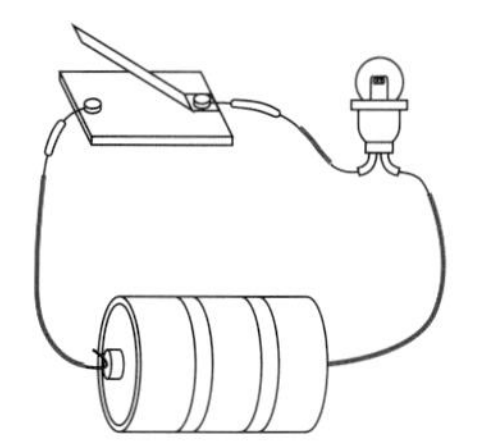

(2)

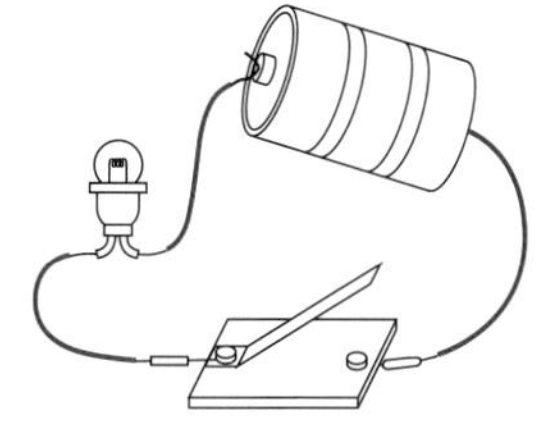

3 ア，エ，キ

4 (1) ①，③，⑤
(2) 金ぞく
(3) 金ぞく，金ぞく

5 (1) イ
(2) イ

2 電気の通り道が1つのわになるように，かん電池の＋きょくから出発して，スイッチと豆電球をかならず通って，かん電池の－きょくに帰ってくるようにつなぎます。スイッチと豆電球のじゅんばんは，反対になってもかまいません。

3 豆電球が切れていたり，ソケットの中がゆるんでいたりすると，電気の通り道がとちゅうで切れるので，電気が流れず，豆電球はつきません。もちろん，かん電池の電気がなくなっていると，豆電球はつきません。
２本のどう線の長さがちがっていたり，ねじれていたりしても，電気は流れます。

4 ①の100円玉，③のアルミニウムはく，⑤の鉄くぎは，金ぞくでできているので，電気を通します。ですから，この３つをつないだときは，豆電球がつきます。
②の消しゴムや④のわりばし，⑥のじょうぎは，金ぞくでできていないので，電気を通しません。ですから，この３つをつないだときは，豆電球がつきません。

5 あきかんの表面の色がぬってある部分は，とりょうでいんさつされています。とりょうは電気を通さないので，問題の図のようにつなぐと，電気が流れず，豆電球はつきません。これに電気を流すためには，あきかんの表面の色がぬってある部分を紙やすりでこすり，とりょうをはがしてから，そこをどう線でつなぎます。すると，豆電球がつくようになります。

12 じしゃくにつけてみよう

本さつ122～124ページの答え

答え

教科書のドリル　122ページ

1 ① ×　② ×
③ ○　④ ×
⑤ ○　⑥ ×

2 ウ

ここに気をつけよう

1 じしゃくにつくのは，鉄でできた物だけです。①～⑥のうち，③の鉄くぎと⑤のクリップは鉄でできているので，じしゃくにつきます。ほかの４つはつきません。②の10円玉は鉄ではなく，どうという金ぞくでできています。どうはじしゃくにはつきません。まちがえやすいので，注意しましょう。

2 じしゃくは，ガラスを通しても鉄を引きつけることができるので，ウのように，コップの中の鉄くぎを引きつけます。

❸ 引きあう…イ，エ
しりぞけあう…ア，ウ

❹ ①× ②○
③× ④○

❸ じしゃくのちがうきょくどうしは引きあうので，イとエは引きあいます。また，じしゃくの同じきょくどうしはしりぞけあうので，アとウはしりぞけあいます。

❹ ①じしゃくが引きよせるのは，鉄だけです。
③Nきょくは北を向いて止まります。

テストに出る問題　123ページ

1 (1) じしゃくが引っぱっているから。
(2) じしゃくにつく。
(3) もとのままかわらない。
(4) 下に落ちる。

2 (1) ア，キ
(2) Nきょく，Sきょく

3 (1) Nきょく
(2) Sきょく

4 (1) イ
(2) ウ

5 イ

6 ①○ ②×
③× ④×

1 (1)，(2)じしゃくは，はなれていても鉄を引きつけます。指で糸を引いている間は，クリップはじしゃくにくっつくことができずに，ちゅうにういたままですが，指をはなすと，クリップをとめる力がなくなり，クリップはじしゃくにくっつきます。
(3)じしゃくは，紙を通しても鉄を引きつけるので，クリップはじしゃくに引かれたままです。
(4)じしゃくを遠ざけると，引きつける力が弱くなるので，クリップはういていられなくなります。

2 じしゃくが鉄を引きつける力がいちばん強いのは，きょくです。きょくにはNきょくとSきょくの２つがあり，ぼうじしゃくの場合，両はしにあります。

3 (1)Nきょくを近づけると遠ざかることから，このじしゃくのきょくは，Nきょくだとわかります。
(2)Nきょくを近づけると引きつけられることから，このじしゃくのきょくはSきょくだとわかります。

4 (1)じしゃくについたくぎは，じしゃくになります。じしゃくになったくぎは，じしゃくからはなしても，しばらくはじしゃくになったままなので，下のくぎは上のくぎについたままです。
(2)じしゃくになったくぎにも，両はしにきょくがあります。ですから，両はしにさ鉄がたくさんつきます。

5 鉄のくぎをじしゃくでこすると，くぎがじしゃくになります。じしゃくになった鉄のくぎを糸でつるすと，北と南を向いて止まります。このとき，北のはしがNきょくで，南のはしがSきょくです。

6 ②じしゃくが引きつけるのは，鉄だけです。どうは引きつけません。
③下じきは金ぞくではないので，電気を通しません。下じきをどう線とどう線の間にはさむと，電気の通り道がとちゅうで切れて，電気が流れなくなります。
④じしゃくは，鉄でできた物との間に，下じきのようなじしゃくにつかない物をはさんでも，鉄でできた物を引きつけます。